essentials

Essentials liefern aktuelles Wissen in konzentrierter Form. Die Essenz dessen, worauf es als „State-of-the-Art" in der gegenwärtigen Fachdiskussion oder in der Praxis ankommt. Essentials informieren schnell, unkompliziert und verständlich

- als Einführung in ein aktuelles Thema aus Ihrem Fachgebiet
- als Einstieg in ein für Sie noch unbekanntes Themenfeld
- als Einblick, um zum Thema mitreden zu können.

Die Bücher in elektronischer und gedruckter Form bringen das Expertenwissen von Springer-Fachautoren kompakt zur Darstellung. Sie sind besonders für die Nutzung als eBook auf Tablet-PCs, eBook-Readern und Smartphones geeignet.

Essentials: Wissensbausteine aus Wirtschaft und Gesellschaft, Medizin, Psychologie und Gesundheitsberufen, Technik und Naturwissenschaften. Von renommierten Autoren der Verlagsmarken Springer Gabler, Springer VS, Springer Medizin, Springer Spektrum, Springer Vieweg und Springer Psychologie.

Jürgen Beetz

Integralrechnung für Höhlenmenschen und andere Anfänger

Die Berechnung von Flächen und Lösung von Differentialgleichungen

Jürgen Beetz
Berlin
Deutschland

ISSN 2197-6708 ISSN 2197-6716 (electronic)
essentials
ISBN 978-3-658-08572-8 ISBN 978-3-658-08573-5 (eBook)
DOI 10.1007/978-3-658-08573-5

Die Deutsche Nationalbibliothek verzeichnet diese Publikation in der Deutschen Nationalbibliografie; detaillierte bibliografische Daten sind im Internet über http://dnb.d-nb.de abrufbar.

Springer Spektrum

Gedruckt auf säurefreiem und chlorfrei gebleichtem Papier

Springer Fachmedien Wiesbaden ist Teil der Fachverlagsgruppe Springer Science+Business Media
(www.springer.com)

Was Sie in diesem Essential finden können

- Integralrechnung als Umkehrung des Differenzierens
- Die „h-Methode": Integrieren durch Summieren von kleinsten Flächenstreifen
- Differentialgleichungen unter besonderer Berücksichtigung der Exponential-funktion

Vorwort

Inhalt dieses „*essentials*" ist das neunte der insgesamt 13 Kapitel meines Buches „1 + 1 = 10. Mathematik für Höhlenmenschen" (Beetz 2012, S. 225–259).[1] Das Kapitel hat den Originaltitel „9. Differenzieren ist umkehrbar – Integralrechnung und Differentialrechnung sind Zwillinge". Weitere Kapitel des Buches beschäftigen sich mit Funktionen, Grafiken, Folgen und Reihen, Differentialrechnung, Statistik und Wahrscheinlichkeitsrechnung und Philosophie der Mathematik – mehr oder weniger Abitursstoff und zusammen „das, was man über Mathematik wissen sollte" (zuzüglich vieler amüsanter Geschichten und sogar eines Ausblicks aus der Steinzeit in die moderne Informatik).

Mehr als die einfache Logik eines Frühmenschen brauchen Sie nicht, um die Grundzüge der Algebra zu verstehen. Denn Sie treffen in diesem Werk viele einfache, fast gefühlsmäßig zu erfassende mathematische Prinzipien des täglichen Lebens. Wir sind zwar „im Grund noch immer die alten Affen", wie es ein Dichter formulierte, aber unser Gehirn ist schon das eines *homo sapiens*.[2] Die Mathematik ist ja eine Wissenschaft des Geistes, nicht der Experimente und nicht der Technik. Man braucht nur ein Gehirn dazu, genauer: rationales Denken.

Deswegen kann ich bei dem Versuch, Mathematik „begreiflich" zu machen, in die Steinzeit zurückgehen – genauer gesagt: etwa in die Jungsteinzeit, zufällig 7986 v. Chr., also vor genau 10.000 Jahren. Jäger und Sammler waren zu Bauern und Viehzüchtern geworden. Dorfgemeinschaften, Rundhäuser und eine arbeitsteilige Gesellschaft existierten bereits. Dort treffen Sie Eddi Einstein (wie konnte ein Top-Mathematiker in der Jung*stein*zeit auch anders heißen!?), den Denker und Rudi Radlos, den Erfinder (die paradoxe Bedeutung dieses Namens rührt daher,

---

[1] Hierbei wurden die Unterkapitel des Originals zu Kapiteln hier und die Zwischenüberschriften zu Unterkapiteln.

[2] Gedicht von Erich Kästner (1899–1974): Die Entwicklung der Menschheit. Quelle: http://www.gedichte.vu/?die_entwicklung_der_menschheit.html.

dass er gerade das Rad *nicht* erfunden hatte). Die „drei" galt damals bereits als eine magische Zahl – aber ich greife vor: Die „Zahl" als abstraktes Gebilde war auch noch nicht erfunden. Etwas Magisches also. Wie dem auch sei, ein *dritter* Geselle gehörte zu der Truppe: Siegfried „Siggi" Spökenkieker, der Druide und Seher.[3]

Siggis Rolle ist eine bedeutende: Man glaubte damals noch an Determinismus und Vorbestimmung – da traf es sich gut, dass der Seher mit der Gabe der Präkognition gesegnet war.[4] So können wir Eddi, den Denker, mit Erkenntnissen ausstatten, die erst Jahrtausende später von bedeutenden Philosophen und Mathematikern erlangt worden waren.

Die wahre Meisterin dieser Wissenschaftsdisziplin ist jedoch Wilhelmine Wicca, meist „Willa" genannt. Sie ist die erste Mathematikerin der Geschichte und würde es auch lange bleiben.[5] Zu Unrecht, wie man weiß, benutzt eine Frau doch nicht nur eine, sondern *beide* Gehirnhälften. Und da durch diese Verbindung nach den Regeln der Systemtheorie ein neues Gesamtsystem entsteht („Das Ganze ist mehr als die Summe seiner Teile"), ist es nicht verwunderlich, dass Willa so klug war wie die drei Kerle *zusammen*. Deshalb galt sie auch als Hexe[6] – was damals ein Ehrentitel war – und als weise Frau.

---

[3] Als Spökenkieker werden im westfälischen und im niederdeutschen Sprachraum, speziell im Emsland, Münsterland und in Dithmarschen, Menschen mit „zweitem Gesicht" bezeichnet. Der Begriff Spökenkieker kann dabei in etwa mit „Spuk-Gucker" oder „Geister-Seher" übersetzt werden. Spökenkiekern wird die Fähigkeit nachgesagt, in die Zukunft blicken zu können. Quelle: http://de.wikipedia.org/wiki/Spökenkieker.

[4] Determinismus (lat. *determinare* „abgrenzen", „bestimmen") bezeichnet die Auffassung, dass zukünftige Ereignisse durch Vorbedingungen eindeutig festgelegt sind. Quelle: http://de.wikipedia.org/wiki/Determinismus. Präkognition (lateinisch: vor der Erkenntnis) ist die Bezeichnung für die angebliche Vorhersage eines Ereignisses oder Sachverhaltes aus der Zukunft, ohne dass hierfür rationales Wissen zum Zeitpunkt der Voraussicht zur Verfügung gestanden hätte. Quelle: http://de.wikipedia.org/wiki/Präkognition.

[5] Als erste Mathematikerin überhaupt gilt Hypatia von Alexandria (ca. 355–415), die ein grausiges Ende fand (Quelle: http://de.wikipedia.org/wiki/Hypatia). Die erste Mathematik*professorin*, die russische Mathematikerin Sofja Kowalewskaja (1850–1891), betrat erst 1889 in Stockholm die akademische Bühne. Quelle: http://de.wikipedia.org/wiki/Sofja_Kowalewskaja.

[6] „Wicca" ist eine neureligiöse Bewegung und versteht sich als eine wiederbelebte Natur- und als Mysterienreligion. Wicca hat seinen Ursprung in der ersten Hälfte

Wir werden die Gedankengänge und Erfahrungen unserer Vorfahren hier verfolgen und nachvollziehen. Ich werde schwierige Gedanken nicht nur in einfache Worte kleiden, sondern sie in kleine verdaubare Häppchen zerlegen. Ein kompliziertes Problem bleibt nämlich kompliziert, auch wenn man es einfach nur umgangssprachlich ausdrückt. Erst die Verringerung des Schwierigkeitsgrades durch Zerlegung in einzelne Teilprobleme schafft Klarheit – ein Vorgehen, das seit jeher zum Prinzip der Naturwissenschaft gehört.

Mathematik ist eine exakte Wissenschaft – mit kleinen „Löchern", die wir noch thematisieren werden. Sie zeichnet sich auch durch eine präzise Schreibweise aus und verschiedene typographische Regeln, die beachtet werden sollten. Aber an diesem Konjunktiv merken Sie schon: *so* ernst wollen wir das hier nicht nehmen. So werden hier manchmal mathematische Größen (wie es in Fachbüchern üblich ist) klein oder groß oder kursiv oder steil geschrieben, manchmal aber auch nicht. Da Sie ja mitdenken, wird Sie das nicht verwirren. Und die kursive Schreibweise verwenden wir auch (wie Sie zwei Sätze weiter oben sehen), um etwas zu betonen und hervorzuheben.

Mathematik ist nicht die merkwürdige Spielwiese lebensfremder Streber mit ungepflegtem Äußeren, sondern sie durchzieht unseren Alltag und ist mit den zentralen Fragen unseres Lebens verbunden: Was hängt wie zusammen? Welche Gesetze bestimmen das Dasein des Menschen und der Natur? Welche Strukturen gibt es und wie kann der menschliche Geist sie in Erkenntnisse umformen? Wie ziehen wir aus unseren Wahrnehmungen angemessene und logische Schlüsse? Von Anfang an war Mathematik deshalb mit der Philosophie verbunden. Deswegen schrieb schon der große Philosoph Platon um 370 v. Chr.: „Und nun, sprach ich, begreife ich auch, nachdem die Kenntnis des Rechnens so beschrieben ist, wie herrlich sie ist und uns vielfältig nützlich zu dem, was wir wollen, wenn einer sie des Wissens wegen betreibt und nicht etwa des Handelns wegen".[7] Allerdings kann ich dem nicht ganz zustimmen – am Ende fehlt ein „nur": „… *nur* des Handelns wegen". Denn Sie werden sehen, wie viele mathematische Erkenntnisse auch im Alltag praktische Auswirkungen haben.

Naturwissenschaftliche Kenntnisse gehören nicht zur Bildung, das meinen viele. Nein, finde ich, sie sind immens wichtig zum Verständnis der Kultur – die Wen-

---

des 20. Jahrhunderts und ist eine Glaubensrichtung des Neuheidentums. Die meisten der unterschiedlichen Wicca-Richtungen sind […] anti-patriarchalisch. Wicca versteht sich auch als die „Religion der Hexen", die meisten Anhänger bezeichnen sich selbst als Hexen. Quelle: http://de.wikipedia.org/wiki/Wicca.

[7] Platons Höhlengleichnis. Das Siebte Buch der Politeia, Abschn. 107. c) Nutzen der Rechenkunst zur Bildung der philosophischen Seele.

dung vom erdzentrierten Weltbild des Mittelalters (und der Kirche) zur modernen kopernikanischen Erkenntnis der Neuzeit, wonach die Sonne im Mittelpunkt unseres Planetensystems steht, hat unser gesamtes Denken und unsere Kultur beeinflusst. Naturwissenschaft und Mathematik prägen unser gesamtes Weltbild, zum Leidwesen vieler Dogmatiker, die im Mittelalter stehen geblieben sind. Aber ich möchte nicht polemisieren, ich möchte *begreiflich* machen. Denn besonders die Mathematik fristet im Bewusstsein der Menschen ein Schattendasein und beeinflusst doch direkt oder indirekt einen großen Teil unseres modernen Lebens – nicht zuletzt durch ihre „Mechanisierung", den Computer. Was nicht ganz stimmt, zugegeben – denn er kann „nur rechnen" Mathematik aber ist kristallines Denken, Scharfsinn in Reinkultur.

Wir wollen gemeinsam versuchen, diesen inneren Widerspruch aufzulösen: In einer von Wissenschaft und Technik geprägten Welt weigern sich viele Menschen, ihre mathematischen Grundlagen zur Kenntnis zu nehmen. Denn mit Zahlen, Formeln, Figuren und Kurven kann man seltsamerweise auch in der „Wissensgesellschaft" unserer Zeit nicht nur Kindern einen Schrecken einjagen. Aber die Naturwissenschaften haben unser Dasein erobert und gestaltet, deswegen wollen wir uns nun mit ihren geistigen Grundlagen beschäftigen.

Gehen wir nun in die Steinzeit zurück und lernen wir etwas über die Gegenwart! „Mathematik" bedeutet ja – dem altgriechischen Ursprung des Wortes folgend – die „Kunst des Lernens". Damit Sie das nicht als Mühe empfunden, habe ich es in unterhaltsame Geschichten verpackt. Also machen wir uns auf die Reise ins Neolithikum – Met, Mammut und Mathe *all-inclusive*.

Jürgen Beetz,
November 2014 (10.000 Jahre nach diesen Geschichten)
Besuchen Sie mich auf meinem Blog http://beetzblog.blogspot.de

Inhaltsverzeichnis

Der Autor

Jürgen Beetz studierte nach einer humanistischen und naturwissenschaftlichen Schulausbildung Elektrotechnik, Mathematik und Informatik an der TH Darmstadt und der University of California, Berkeley.

Bei einem internationalen IT-Konzern war er als Systemanalytiker, Berater und Dozent in leitender Funktion tätig.

Einleitung

1

Eddi Einstein, der Mathematiker mit Migrationshintergrund (was aber niemanden kümmerte) war erst vor kurzem in die Dorfgemeinschaft des Stammes aufgenommen worden. Er hatte sich sofort nützlich gemacht und mit seinem neuen Freund Rudi Radlos, dem Erfinder und Geometer, neue geistige Konzepte entwickelt. Er hatte sich heimlich in Willa, die Frau des Stammeshäuptlings, verliebt und genoss daher ihre Gegenwart, nicht nur wegen ihrer beeindruckenden Intelligenz.

Differentialrechnung und Differentialgleichungen sind schon „höhere Mathematik", sagen viele. Aber „hoch" nennen die Holländer ihren Vallserberg mit seinen 322 m auch. Vom „Himalaya der Mathematik" sind wir noch weit entfernt, aber den behalten wir den Profi-Bergsteigern vor. Die Differentialrechnung ist eines der bedeutenden Kerngebiete der Mathematik. Sie wurde im Wesentlichen am Ende des 17. Jahrhunderts unabhängig voneinander von Isaac Newton und Gottfried Wilhelm Leibniz entwickelt. Aber es gab sogar einen Prioritätsstreit zwischen den beiden. Sie lief auch unter dem Namen „Infinitesimalrechnung", das Rechnen mit dem Unendlichen. Dem unendlich Kleinen in diesem Fall. Auch der Philosoph und Mathematiker René Descartes hatte sich damit beschäftigt und wichtige Vorarbeiten geleistet.

Ohne die Infinitesimalrechnung sähe die mathematische Modellierung physikalischer Vorgänge arm aus. Und ihre Umkehrung, die Integralrechnung, entwickelt vielleicht eine noch größere Kraft. Dass das Differenzieren umkehrbar ist, das sieht man ja schon in jeder Liste elementarer Funktionen und ihrer 1. Ableitungen (z. B. im „Bronstein" oder in Beetz 2015 Kap. 4.3). Eine solche Liste lässt sich ja auch gewissermaßen „von rechts nach links" lesen. Aus der 1. Ableitung folgt dann der Rückschluss auf die zugehörige Funktion. Die nennt man dann die

© Springer Fachmedien Wiesbaden 2014
J. Beetz, *Integralrechnung für Höhlenmenschen und andere Anfänger,* essentials,
DOI 10.1007/978-3-658-08573-5_1

„Stammfunktion" (oder „unbestimmtes Integral") zu der gegebenen Funktion y'. Das klappt immer, bis auf eine Konstante, die die Stammfunktion im Achsenkreuz nach oben oder unten verschiebt, aber an der Steigung nichts ändert. Dafür gibt es wieder ein spezielles Zeichen, das „Integralzeichen" $\int$, in der Form eines schön geschwungenen „S":

$$\int f(x)dx$$

Das spricht man „Das Integral der Funktion f von x nach dx" und erkennt es in der Formelschreibweise aus folgendem Zusammenhang, für den wir uns noch einmal an das Differenzieren erinnern:

$$\text{Wenn } y = f(x), \text{ dann ist } y' = \frac{dy}{dx} = \frac{df(x)}{dx}.$$

Die 1. Ableitung $\dfrac{dy}{dx}$ ist der Grenzwert $\lim\limits_{\Delta x \to 0} \dfrac{\Delta y}{\Delta x}$.

Ist also f(x) eine Funktion, dann bezeichnet man umgekehrt eine andere Funktion F(x), deren 1. Ableitung genau dieses f(x) ist, als „Stammfunktion" F(x). Sie hat also die Eigenschaft, dass

$$F'(x) = \frac{dF(x)}{dx} = f(x)$$

Dann schreibt man mit dem Integralzeichen dafür $F(x) = \int f(x)dx$ (gesprochen: „groß-F von x ist das unbestimmte Integral von klein-f von x nach dx"). Es heißt „unbestimmt", weil es (Überraschung!) auch noch ein „bestimmtes" Integral gibt – wie Sie gleich in aller Ausführlichkeit sehen werden.

Aber warum musste die Welt so lange warten, bis ein so wichtiger Grundsatz entdeckt bzw. entwickelt wurde? Hätte man nicht schon viel früher darauf kommen können? Vielleicht können schon unsere Denker (und -innen) der Steinzeit die wichtigsten Grundideen herausarbeiten?!

Aber gehen wir der Reihe nach vor. Blicken wir zurück….

Integrieren heißt Glätten von Differenzen

2

Willa trat zu den Männern, lächelte (in Eddis Augen verführerisch, nach Rudis Ansicht boshaft) und sagte: „Eine differenzierte Betrachtungsweise ist euch Männern ja eher fremd." Trotz eines herausfordernden „Na, na!" von Rudi fuhr sie fort: „Trotzdem bin ich von euren Erkenntnissen über das Differenzieren von Funktionen beeindruckt. Da wir Frauen primär auch integrierend wirken, solltet ihr versuchen, auch in diese Domäne vorzudringen." *Wo hat sie bloß alle die Fremdwörter her?*, dachte Eddi. Er konnte nicht zugeben, dass er keine Ahnung hatte, wovon sie redete. Deswegen versuchte er eine unverfängliche Frage: „Wie meinst du das?"

Sie erläuterte: „Kann man das Differenzieren rückgängig machen? Nehmen wir an, du hast irgendeine Funktion y abhängig von x. Könntest du sagen, von welcher Funktion sie die erste Ableitung wäre? Denn genau das nennt man ja ,integrieren'. Oder anders gesagt: Du kennst den von x abhängigen Verlauf einer Steigung und schließt von da aus rückwärts auf die Kurve, die genau diese Steigung hat."

Eddi dachte nach. Immerhin hatte er ihr mit diesem Trick die Bedeutung des Begriffs entlockt. Willa wurde ungeduldig: „Was ist? Hat es dir die Sprache verschlagen?" „Nein, aber im Gegensatz zu dir rede ich nicht schneller als ich denken kann." „Hohoho! Du bist aber ganz schön frech!" Und sie knuffte ihn – liebevoll, wie er hoffte – in die Rippen: „Soll ich später noch mal wiederkommen oder findest du in absehbarer Zeit eine Antwort?" „Tu mal nicht so!", sagte Rudi, dem inzwischen eine Idee gekommen war, „Wenn die Ableitungsregel für $y=x^2$ den Ausdruck $y'=2x^1$ oder allgemein für $y=ax^n+c$ den Ausdruck $y'=nax^{n-1}$ ergibt, dann schließe ich steinmesserscharf rückwärts, dass $y=x^2$ die Ableitung von $y=^1/_3 \cdot x^3$ ist oder wieder allgemein die Funktion $y=ax^n$ die Ableitung von $y=ax^{n+1}/(n+1)$. Konntest du folgen?"

© Springer Fachmedien Wiesbaden 2014
J. Beetz, *Integralrechnung für Höhlenmenschen und andere Anfänger,* essentials,
DOI 10.1007/978-3-658-08573-5_2

Willa lächelte: „Genau das nennt man ‚integrieren'. Es ist seit jeher die Aufgabe der Frauen, wie ich schon sagte. Der Rückschluss von der Ableitung auf das, was wir ‚Stammfunktion' nennen. Aber wo bleibt die Konstante c?" „Ja, weiß der Henker…", wollte Eddi sagen und verbesserte sich: „Die muss man natürlich immer hinzufügen, denn egal, wie hoch eine Funktion über der x-Achse liegt – ihre Steigung ist ja immer dieselbe. Also kann und muss ich beim Integrieren eine beliebige und unbekannte Konstante c immer dazuschreiben. Zum Beispiel ist das Integral von $y=x$ die Funktion $\frac{1}{2} \cdot x^2 + c$. Plus zeh!" „Du sagst es! Nun, dann denkt mal weiter darüber nach, du und dein Kumpel, wenn ihr wieder Mathematik betreibt. Denn die Frage ist: Könnt ihr das auch herleiten? Und passt auf die Falle auf!" Und schon machte sie sich auf den Weg zu ihrem Kräutergarten, drehte sich aber noch einmal um: „Noch etwas: Denkt mal die „h-Methode" rückwärts.[1] Dann seht ihr einen interessanten weiteren Aspekt des Integrierens!"

Rudi hatte eine Anregung für seinen Freund: „Vielleicht kannst du damit deine furchtbare Funktionsverstümmelung wieder rückgängig machen?!" Eddi runzelte die Stirn: „Wie darf ich denn *das* verstehen?" „Nun ja: Konstanten verschwinden beim Differenzieren, Geraden werden zu einer einfachen Zahl, schön geschwungene perfekte Parabeln verwandeln sich in langweilige Geraden – das ist ja furchtbar!" „So gesehen hast du Recht. Aber wenigstens die königliche e-Funktion behält ihre perfekte Form!" Rudi nickte: „Aber was hat sie denn mit der ‚Falle' gemeint?" Eddi hob die Hände: „Na ja, wie immer… Die Null im Nenner. Wenn ich $y=x^{n+1}/(n+1)$ differenziere, bekomme ich nach der Regel $y'=x^n$. Denn die Ableitung y' ist $(n+1) \cdot x^{(n+1)-1}/(n+1)$. Da kürzt sich das $(n+1)$ weg und die Einsen heben sich auf. Dann ist $n=-1$ natürlich verboten. Wenn – mit $n=-1$ – die Ableitung $y'=x^{-1}=1/x$ ist, dann ist die Stammfunktion bekanntlich der natürliche Logarithmus $\ln x$."

2.1 Eine Behauptung, die bewiesen werden muss

„Bekanntlich?!", protestierte Rudi, „Das reicht mir nicht. Wenn ich $1/x^2$ gewissermaßen ‚rückwärts differenziere' – und das ist ja die Integrationsregel – dann wird aus $y'=1/x^2=x^{-2}$ die Stammfunktion $y=(-2+1) \cdot x^{-2+1}=-x^{-1}$, und das ist $y=-1/x$. Warum kann ich das nicht auch mit $y'=1/x$ machen?" „Na, dann mach'! Ich sage dir schon, was heraus kommt: $y=(-1+1) \cdot x^{-1+1}=0 \cdot x^0$. Das ist aber keine Stammfunktion, das ist nur Murx."

---

[1] Die „h-Methode" ist eine Vorgehensweise beim Differenzieren, siehe Beetz (2012) und Beetz (2015).

Rudi nickte und war überzeugt. Aber er ließ nun erst recht nicht locker: „Und wie kommt man auf den natürlichen Logarithmus $y = \ln x$ als Integral von $1/x$?" „Das ist einfach: Weil die erste Ableitung von $y = 1/x$ die Funktion $y' = \ln x$ ist." Rudi hob drohend die Hand: „Gleich fängst du dir eine! Dass Integrieren das Spiegelbild des Differenzierens ist, das habe ich ja nun begriffen. Aber dann kannst du mir noch lange nicht eine im Kreis herumgehende Erklärung anbieten. Aber bitte: Dann beweise, dass dein letzter Satz stimmt!"

Willa ging vorüber und trug schwer an einem riesigen Bündel verschiedener Stauden für ihren Laden. „He, Jungs, könnt ihr mir mal helfen?!" „Ja", sagte Eddi. „Gleich", sagte Rudi. „Wir müssen erst etwas herausfinden", sagte Eddi. „Jetzt können wir gerade nicht", sagte Rudi. Das stieß bei Willa auf keine positive Resonanz: „Ach, ihr könnt nicht! Was könnt ihr *denn*? Besonders gut sehen könnt ihr nicht, jeder Adler ist euch überlegen. Beim Hören schlägt euch die Eule. Riechen könnt ihr Trockennasenaffen ganz schlecht. Schmecken… ha ha! Was ich euch schon als ‚Bärenfleisch' angedreht habe! Eure Zähne sind durch den Körnerbrei so schlecht, dass ihr nicht richtig beißen könnt. Ständig verlauft ihr euch – jede Taube findet besser den Weg zurück. Laufen, schwimmen oder gar fliegen: vergiss es! Ihr haltet es nicht einmal zwei Tage ohne Essen aus. Vom Sex gar nicht zu reden… Kinder kriegen könnt ihr auch nicht. Nicht mal die Zusammenarbeit klappt, weil ihr keine soziale Intelligenz habt: Treffen sich zwei Männer, bilden sie sofort eine Hierarchie. Jedes Tier ist euch irgendwo überlegen, selbst die Feldmaus…" „Gibt's hier jemanden, der sich mit Gegengiften auskennt?", unterbrach Eddi und sah Willa herausfordernd an, „Falls du dir auf die Zunge beißt."

Willa musste lachen – Eddi nahm es erleichtert zur Kenntnis. Er fürchtete den Zorn seiner heimlich Angebeteten. Deswegen legte er nach: „*Denken* ist unsere evolutionäre Nische, unsere Kernkompetenz."[2] Willa war versöhnt, legte ihr Bündel ab und sagte: „Kann *ich* denn *euch* helfen?" Nun konnte Eddi diesen erfreulichen Sinneswandel nicht übergehen und erläuterte das Problem. „Da gibt es einen Weg", sagte Willa dann, „Unwissenheit ist heilbar. Die inverse Funktion oder bijektive Funktion." „Hä?!", machte Rudi und Willa verstand, dass sie wieder unbekannte Wörter aus Siggis Wortschatz verwendet hatte. Sie stellte klar: „Umkehrfunktion". „Aha", sagte Rudi, „Die Funktion $y = x^2$ ist die Umkehrung von $y = 1/x^2$." „Nein", sagte Willa und lächelte maliziös, „Wo bleibt denn nun eure Kernkompetenz!? Die ‚Umkehrfunktion' ist anders definiert: y und x wechseln ihre Plätze. Die Umkehrfunktion von $y = x^2$ ist $x = y^2$. Oder, um es wieder wie gewohnt

---

[2] Die Geschichte der Defizite des Menschen ist anthropologisch und archäologisch belegt. Der Spruch von der „Kernkompetenz" stammt von Vince Ebert: Denken Sie selbst! – Sonst tun es andere für Sie. Rowohlt Taschenbuch Verlag, Reinbek bei Hamburg 2008. Webseite: www.vince-ebert.de.

zu schreiben: $y = \sqrt{x}$. Im Koordinatensystem wechseln sozusagen die Achsen ihre Bedeutung – oder die Original-Kurve $y = f(x)$ wird an der 45°-Linie $y = x$ gespiegelt." „Sag das doch gleich!", brummte Rudi und Eddi schaltete sich wieder ein: „Dann ist $y = \log_a x$ die Umkehrfunktion zu $y = a^x$ und $y = \ln x$ die zu $y = e^x$. Und was bringt das für das Integrieren?"

Willa gab den entscheidende Tipp: „Ja, da gibt es bei der Differentialrechnung eine so genannte ‚Umkehrregel'. Sie besagt, dass die Ableitung der Umkehrfunktion die Umkehrung der Ableitung ist. Die Mathematiker nennen so etwas ‚Transformation'. So – und wer hilft mir nun beim Tragen?" Eddi schubste Rudi an (er war sowieso viel stärker gebaut) und machte sich daran, das Gehörte zu durchdenken.

‚Die Ableitung der Umkehrfunktion ist die Umkehrung der Ableitung…', brummelte Eddi vor sich hin. Was das nun wieder bedeutete!? Er versuchte es sich vorzustellen und kam allmählich dahinter. Dazu musste er sich erst einmal eine Skizze anfertigen (Abb. 2.1). Seine Überlegungen waren folgende: Wenn die eine Funktion $y = e^x$ die Spiegelung der anderen Funktion $y = \ln x$ an der gestrichelten 45°-Linie ist, dann müssen auch die Steigungsdreiecke an der gepunkteten Linie

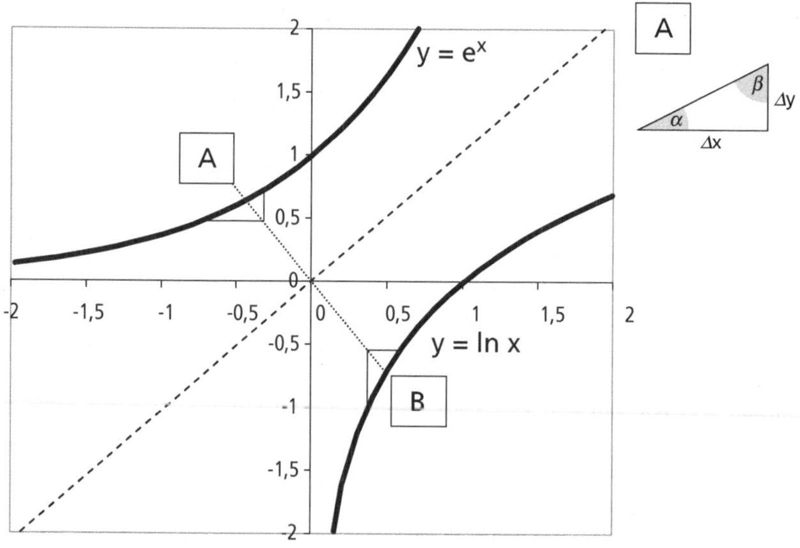

Abb. 2.1 Geometrie der Umkehrregel, dargestellt an e^x und $\ln x$

übereinstimmen, aber ebenfalls vertauscht sein. Den spitzen Winkel im Dreieck A hätte er α nennen können und der Tangens, also die Steigung der Tangente, wäre tan $\alpha = \Delta y/\Delta x$ gewesen. Zur Kontrolle hatte er sich das Steigungsdreieck noch einmal getrennt herausgezeichnet. Im rechtwinkligen Dreieck ist aber der Winkel $\beta = 90° - \alpha$ und dadurch tan $\beta = 1/\tan \alpha$. Somit ist im Grenzfall $\Delta x \to 0$ der tan $\alpha = dy/dx = y'$ und daher tan $\beta = dx/dy = 1/y'$ – vorausgesetzt, alles geht mit rechten Dingen zu (die Funktion f(x) ist überhaupt differenzierbar) und die Tangente ist an der betrachteten Stelle nicht etwa waagerecht. Die übliche „Division-durch-0-Falle". Das war's eigentlich schon. Eddi nickte zufrieden und wartete, bis Rudi wieder auftauchte.

Dann erklärte er ihm die Zusammenhänge und wies auf Abb. 2.1: „Davon kannst du dich als Geometrie-Fachmann schon rein optisch überzeugen".

„Ist ja einleuchtend", gab Rudi zu, „Aber was haben wir nun davon?" „Hast du es schon wieder vergessen? Hat Willa dich verhext? Wir wollten doch wissen, warum der natürliche Logarithmus y = ln x das Integral von 1/x ist oder umgekehrt: warum die erste Ableitung von y = ln x die Funktion y' = 1/x ist."

„Ach ja!" „Die Umkehrfunktion von y = ln x ist y = e^x, wie du ja sehen kannst. Die Ableitung y' der Umkehrfunktion ist wieder e^x, wie ja nun jeder weiß. Die Umkehrung der Ableitung ist… weil x und y ihren Platz tauschen… soll ich es dir hinschreiben?" „Ja."

$$y = \ln(x) \Rightarrow y' = \frac{1}{e^{\ln(x)}} = \frac{1}{x}$$

„Klar, Rudi?" „Ja, Eddi."

2.2   Ist das Integrieren nur eine Umkehrung des Differenzierens?

„Na gut", meinte Rudi, „aber welche Bedeutung hat das Integrieren noch – außer dem Finden der ‚Stammfunktion'? Willa hat doch so etwas angedeutet. Aber erst einmal würde ich sagen, dass ich die eine Bedeutung schon ganz beachtlich finde. Ganz etwas anderes als dieses ewige Gleichungen umgraben, mit Hochzahlen jonglieren oder Reihen aus kleinen Teilchen zusammensetzen. Das hat doch etwas: Wenn ich die Steigung y'(x) kenne, dann kenne ich auch die dazugehörige Kurve y(x) – bis auf eine unwichtige Konstante. Das muss doch eine Säule der Mathematik sein, finde ich!"

„Ja", bestätigte Eddi, „das kann man gar nicht hoch genug bewerten. Aber nun wissen wir es ja. Was ist nun mit der anderen Auslegung? Ich habe da so etwas in der Nase." „Putzen würde helfen…" „Mann! Ich meine: eine Intuition!" Rudi grinste: „So so! Eine mathematische Intuition. Mit Denken alleine kommst du nicht weiter. Die hast du wohl von deiner kleinen Freundin?" Eddi erschrak, tat aber unschuldig: „Was meinst du denn *damit*?" Rudi grinste noch stärker: „Wenn ich sehe, wie du Willa ansiehst… Da kann ich doch zwei und zwei zusammenzählen. Schließlich hast du mir das Rechnen beigebracht! Aber keine Angst, Kumpel, bei mir ist dein süßes Geheimnis sicher. Also was ist mit deiner Intuition?"

Eddi war froh, von dem heiklen Thema wegzukommen: „Wenn ich eine Gerade y = c zeichne und eine weitere y = x, dann kommt mit eine Idee". Und er tat es sofort (Abb. 2.2).

„Endlich mal eine einfache Grafik!", grinste Rudi, „Und nun?"

„Schau dir mal die Flächen unter den Kurven an", setzte Eddi seine Idee in Worte um, „Unter der konstanten Linie y = 1 ist die Fläche bei x = 1 auch 1, bei x = 2 ist sie 2. Das wird selbst dich nicht überraschen. Also ist die Fläche unter einer Konstanten y = c immer gleich c · x. Aber die andere Linie y = x ist noch lehrreicher. Das Dreieck bei x = 1 hat nach der Formel „Grundlinie mal Höhe durch zwei" die Fläche ½. Bei x = 2 ist sie die Hälfte von 2 · 2 durch 2, also das Vierfache der Fläche

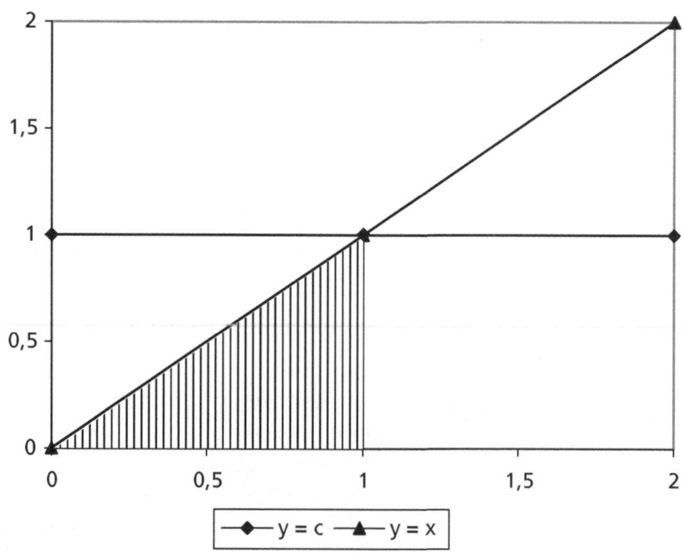

Abb. 2.2 Das Integral zweier einfacher Funktionen

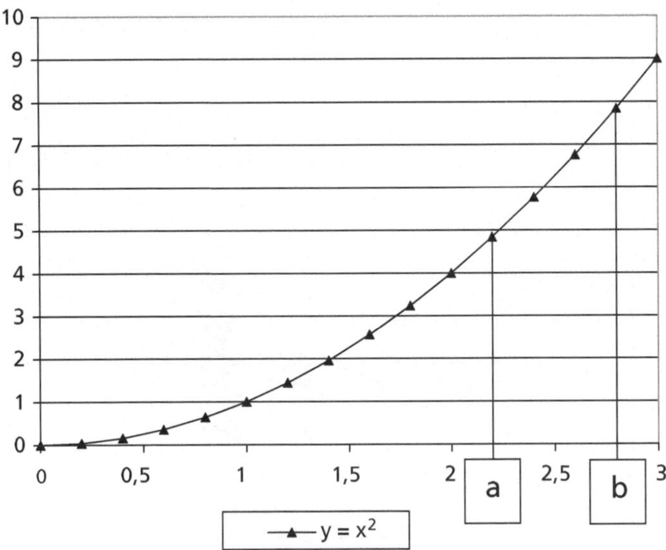

Abb. 2.3 Das bestimmte Integral als Fläche unter der Kurve

bei $x=1$. Genau zwei. Nun rate mal, wie groß die Fläche bei $x=3$ ist!" „Vierein-halb. Das Neunfache. Ich bin ja nicht blöd!", antwortete Rudi, „Die Fläche unter der Geraden $y=x$ wächst mit dem Quadrat von x. Sie gehorcht exakt der Funktion $\frac{1}{2} \cdot x^2$. Jetzt weiß ich, was du in der Nase hattest: die Stammfunktion von $y=x$. Und nun rieche *ich* etwas: Du wirst behaupten, das gelte auch für andere Funktionen. Vielleicht sogar für *alle* Funktionen. Das Integral ist die Fläche unter der Kurve. Mein Freund, *das* wirst du beweisen müssen!" Eddi zeigte auf den Sand: „Gut, dann male doch einmal eine Parabel" (Abb. 2.3).

Rudi tat wie geheißen, aber seine Begeisterung hielt sich in engen Grenzen: „Wie willst du denn die Fläche unter einer so krummen Kurve sauber bestimmen?" „Bleib ruhig, Alter! Wir nehmen den alten Infinitesimaltrick und zerlegen die Flä-che in kleine Streifen. Und wir beginnen einfach im Nullpunkt, denn die Fläche F_{ab} zwischen a und b ist ja nichts anderes als die Fläche $F_b - F_a$, beide vom Nullpunkt aus gerechnet. Zur Sicherheit errechnen wir auch noch *zwei* Annäherungen: eine, die sicher kleiner ist und eine, die sicher größer ist als die Fläche unter der Kurve. Der alte Einkesselungstrick. Konntest du soweit folgen?" „Klar", sagte Rudi etwas empört, „Ich male dir die beiden Fälle einmal nebeneinander ein… Und damit du nicht wieder das ‚Delta-Dingsbums' verwendest, hat mein schmaler Flächenstrei-fen die Breite h." (Abb. 2.4)

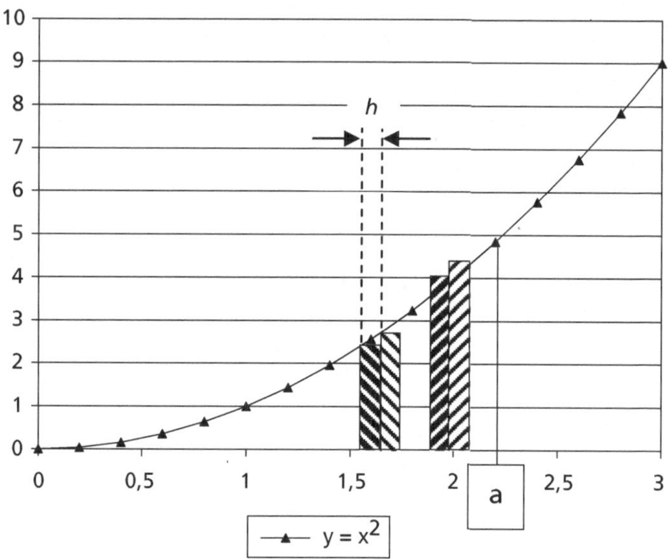

Abb. 2.4 Eingrenzung der Fläche unter der Parabel

Rudi fuhr fort: „Die untere Flächengrenze ist fallend schraffiert, die andere ansteigend. Natürlich musst du sie dir nicht *neben*einander, sondern sich sozusagen bis zur Obergrenze a überlagert denken. Die einzelnen schraffierten Streifen sind jeweils h breit, und irgendwann glätten wir die Differenzen durch h → 0. So, und nun?"

Eddi grinste: „Erst einmal hast du eine optische Täuschung konstruiert, mein Freund. Die kleineren Flächenstreifen scheinen nach links zu kippen, die größeren nach rechts. Aber ich will ja nicht mäkeln, du hast das Prinzip richtig erfasst. Wenn wir also die Fläche von 0 bis a in n Streifen der Breite h zerlegen, dann ist h = a/n. Beginnen wir mit der Untergrenze der Treppenstufe: Der linkste Streifen direkt rechts von x = 0 hat die Höhe 0^2, der nächste die Höhe h^2, dann $(2h)^2$ und $(3h)^2$ und so weiter – schließlich ist es ja eine Parabel." „Darin kann ich dir folgen", sagte Rudi, „Daraus schließe ich, dass die Obergrenze der Treppenstufe schon mit h^2 beginnt und mit $(2h)^2$ und $(3h)^2$ und folgende weitergeht. Die Fläche der Streifen ist dann die Summe dieser Höhen, jeweils mit h multipliziert. Wollen wir das mal Untergrenze U und Obergrenze O nennen und es dazuschreiben?"

2.3 Eine Fläche aus kleinsten Streifen zusammensetzen

Gesagt, getan. Wir sehen $U = h\ (0^2 + h^2 + (2h)^2 + (3h)^2 + \ldots + ((n-1)h)^2)$ und $O = h\ (h^2 + (2h)^2 + (3h)^2 + \ldots + (nh)^2)$. Aus beiden Reihen lässt sich sofort ein h als Faktor und ein h^2 in den Summen herauslösen, insgesamt also ein h^3. Wegen der Regelmäßigkeit der Reihenglieder bietet sich natürlich die verallgemeinerte Summenschreibweise mit einem Laufindex k an. Für das bestimmte Integral kommen wir damit auf folgende Einschachtelung, die Eddi und Rudi auch schon hingezeichnet haben:

$$h^3 \cdot \sum_{k=0}^{n-1} k^2 \le \int_0^a x^2 dx \le h^3 \cdot \sum_{k=1}^{n} k^2$$

„Das sieht lustig aus", sagte Rudi, „Die linke Summe läuft von 0 bis $n-1$, die rechte von 1 bis n. Jetzt kommt sicher der Kunstgriff mit $h \to 0$." „Ja", sagte Eddi, „aber das bedeutet auch $n \to \infty$, denn die beiden sind ja über $h = a/n$ miteinander verkoppelt. Also müssen wir aufpassen, die übliche Klippe… Das kennen wir ja nun schon zur Genüge. Wir dürfen nicht bei unklaren Ausdrücken wie $0 \cdot \infty$ oder ähnlichen unbestimmten Sachen landen. Also müssen wir erst einmal…" „Gleichungen umgraben, ich weiß schon. Gibt es denn eine Formel für die Summe der Quadratzahlen?" Eddi tat überlegen: „Klar gibt es die. Kommt doch oft vor. Habe ich im Kopf. Alle zusammen von 1^2 plus 2^2 bis n^2 sind $^1/_6 \cdot n \cdot (n+1) \cdot (2n+1)$." „Ha ha!", sagte Rudi demonstrativ, „Du kannst mir was erzählen! Beweise es." „Vertrau' mir, es *ist* so." „Vertrauen ist gut, Kontrolle ist besser", sagte Rudi kategorisch.[3] „Nerv' nicht!", sagte Eddi, „Du hast ja Recht. Ich kann und werde es beweisen, mit der ‚vollständigen Induktion' zum Beispiel. Und anderswo bewiesene Sätze dürfen wir verwenden. Aber lass uns jetzt weitermachen, sonst kommen wir nie ans Ende. Also, wir setzen jetzt diese Formel für die Summe der k-Quadrate ein und ersetzen h gleich durch a/n. Jetzt Achtung! Bei der Untergrenze U läuft k in der $^1/_6$-Formel nur bis $n-1$." „Schreib's hin!", forderte Rudi und Eddi tat es:

$$\sum_{k=1}^{n} k^2 = \frac{n(n+1)(2n+1)}{6} \Rightarrow$$

$$U = \frac{a^3 n(n-1)(2n-1)}{6n^3} \quad \text{und} \quad O = \frac{a^3 n(n+1)(2n+1)}{6n^3}$$

---

[3] Dieser Spruch wird oft Lenin zugeschrieben, was aber nicht bestätigt werden kann (Christoph Drösser: Stimmt's? Vertraute Prüfung. DIE ZEIT 12/2000 Quelle: http://www.zeit.de/stimmts/2000/200012_stimmts_lenin). In Wirklichkeit stammt auch er aus der Steinzeit.

„Nun müssen wir aber langsam zu Potte kommen!", verlangte Rudi und Eddi sagte: „Wir sind gleich fertig. Wir multiplizieren jetzt den Zähler mit seinen drei Gliedern aus, teilen einzeln durch die 6n^3 und kürzen dann Zähler und Nenner. Dann bleibt folgendes übrig… ich schreibe es noch einmal auf, damit du es siehst."

$$U = \frac{a^3}{3} - \frac{a^3}{2n} + \frac{a^3}{6n^2} \quad \text{und}$$

$$O = \frac{a^3}{3} + \frac{a^3}{2n} + \frac{a^3}{6n^2}$$

„Jetzt wird es eng für das Integral", sagte Rudi, „Denn wenn jetzt n gegen Unendlich geht, fallen die beiden rechten Glieder ja weg. Sie schnurren zu Null zusammen. Übrig bleibt ein Integral – das ja die Fläche zwischen der Kurve y=x^2 und der x-Achse bis zur Stelle x = a war – zwischen a^3/3 und a^3/3. Da ist nicht mehr viel Spielraum – Unter- und Obergrenze sind gleich. Allgemein gesprochen ist… das muss ich in den Sand zeichnen, weil es so wichtig ist."

$$\int_0^a x^2 dx = \frac{a^3}{3} \text{ oder als unbestimmtes Integral } \int x^2 dx = \frac{1}{3} \cdot x^3$$

„Uff!", sagte Rudi, „Das war ein hartes Stück Arbeit. Wir haben das Differenzieren umgedreht *und* gleichzeitig gezeigt, dass das bestimmte Integral gleich der Fläche unter der Kurve zwischen zwei Grenzen a und b ist." Eddi wiegelte ab: „Aber nur, weil ich dir alles weitschweifig mit Worten erklären musste. In der mathematischen Kurzschrift sind es nur wenige Zeilen. Man muss sich eben an die Formeln gewöhnen. Alles eine Frage der Übung!" „Jetzt müssen wir das nur noch für jede beliebige Funktion zeigen…", sagte Rudi, „aber das machen wir später. Heute Mittag gibt es frische Bärenkeule." „Du denkst immer nur ans Futtern!" „Ich esse eben gerne Fettes und Süßes – mein großes Gehirn braucht das! Nur Esel kommen mit Heu klar." „Dein Gehirn dient wohl hauptsächlich dem Sozialleben mit deinen Kumpels – beim analytischen Denken ist noch Raum für Verbesserungen." Rudi widersprach: „Alles zu seiner Zeit. Schließlich habe ich hier nennenswerte Erkenntnisse geliefert. Und wir haben das Prinzip erkannt: Erstens, nichts geht ohne Beweis. Zweitens, wir spielen wieder gekonnt mit Null und Unendlich. Drittens, wir verallgemeinern Sonderfälle und beweisen, dass wir das dürfen. Womit sich der Kreis wieder schließt."

„Willa wäre stolz auf uns!", sagte Eddi zufrieden, um das Thema abzuschließen. „Hauptsächlich auf mich", sagte Rudi, um sich für die Anspielungen zu rächen, „schließlich habe ich ja die ganze Zeichenarbeit gemacht!"

2.4 Der Mittelwertsatz der Integralrechnung

Das Mittagessen war erfolgreich bewältigt. „Dann wollen wir jetzt weitermachen",
sagte Eddi, „Male doch einmal eine beliebige Kurve f(x) auf, schön geschwungen.
Ich zeichne dann einen von mir behaupteten Sachverhalt ein: Zwischen zwei Grenzen a und b auf der x-Achse gibt es einen Punkt x_0, für den der Wert $f(x_0)$ multipliziert mit der Strecke b – a, also ein Rechteck, genau gleich ist mit dem Integral
der Funktion f(x) zwischen a und b. Also ist $f(x_0)$ sozusagen der Mittelwert der
Funktion f(x) im Intervall a bis b. Dass ich aus einem bestimmten Integral von a bis
b, also aus einer definierten Fläche, ein Rechteck mit der Seitenlänge b – a formen
kann, ist ja nichts Besonderes. Aber dass die andere Seite $y_0 = f(x_0)$ innerhalb des
Intervalls *auf der Kurve* liegt, das ist der Knackpunkt." Und so entstand Abb. 2.5.

Formulieren wir noch einmal die Behauptung (mit den üblichen Präzisierungen
der Mathematiker): Ist f(x) zwischen a und b ohne Merkwürdigkeiten (d. h. b > a
usw.), dann gibt es eine Zahl x_0 zwischen a und b so, dass kurz und ohne Prosa

$$\int_a^b f(x)dx = f(x_0) \cdot (b - a)$$

Eigentlich ist dies ein Spezialfall eines allgemeinen Gesetzes mit einer beliebigen
Funktion g(x), bei dem g(x) = 1 ist. Der eigentliche Mittelwertsatz bezieht sich auf

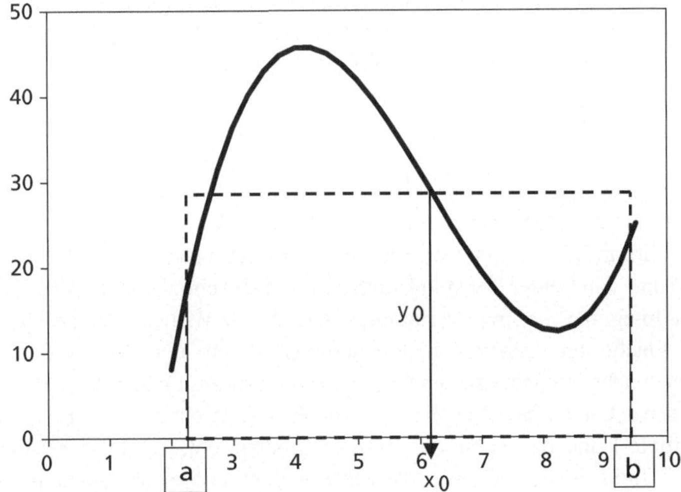

Abb. 2.5 Die geometrische Bedeutung des Mittelwertsatzes

das Produkt aus f(x) und g(x) und lautet: Es gibt eine Zahl x_0 zwischen a und b so, dass

$$\int_a^b f(x)g(x)dx = f(x_0)\int_a^b g(x)dx$$

Für die Konstante g(x) = 1 ist das rechte Integral gleich der Differenz der beiden Grenzen, und der Spezialfall tritt damit deutlich zu Tage. Das soll hier genügen – Sie können größere Summen darauf wetten, dass dieser Satz auch bewiesen wurde.

2.5   Des Mittelwertsatz: Dichtung und Wahrheit

Dichtung und Wahrheit tanzen – wie öfter in diesem Buch – mal wieder etwas durcheinander. Die Geschichte verlief genau umgekehrt. Stellt man die Frage an die Historiker: „Was war zuerst – das Integral als Fläche unter einer Kurve oder als Umkehrung des Differenzierens?", dann sieht es so aus, als könnte man die Frage ganz klar beantworten. Integration als Flächenberechnung ist älter als die Differentiation, d. h. die Integration als Umkehrung des Differenzierens (also die Einsicht, die wir gleich im nächsten Kapitel auch als „Hauptsatz der Differential- und Integralrechnung" kennen lernen werden). Diese ist eindeutig jüngeren Datums.

Schon Archimedes kannte bereits die Fläche unter einer Parabel (mittels seiner „Exhaustionsmethode", die Vorläufer entwickelt hatten. Mit dieser Methode hatte er bereits π mittels eines 96-Ecks im Kreis abgeschätzt). Ein italienischer Mathematiker namens Bonaventura Cavalieri war 1635 im Besitz der Formel, die man heute als bestimmtes Integral so schreiben würde:

$$\int_0^a x^k dx = \frac{a^{k+1}}{k+1}$$

Der Hauptsatz der Differential- und Integralrechnung aber erscheint erst zu Ende des 17. Jahrhunderts. Leibniz war der erste, der ihn 1686 so formuliert hat, aber Newton (und sein Lehrer Barrow) kannten ihn sicher schon vorher (etwa um 1660). Auch die Integral-Schreibweise stammt von Gottfried Wilhelm von Leibniz. Er hat sich die Fläche unter einem Funktionsgraphen als aus unendlich vielen, unendlich dünnen nebeneinander stehenden Rechtecken zusammengesetzt gedacht, jedes ähnlich den schmalen Streifen, die Eddi und Rudi betrachtet haben. Er verwendete die Symbole $\int$ und dx, wobei das dx dem h entspricht. Er hat es als unendlich kleine („infinitesimale") Größe, als „Differential", aufgefasst. So stellt sich der Flächeninhalt als Summe von unendlich vielen unendlich kleinen Rechtecksflächen f(x) · dx dar. Das Integralzeichen „∫" als lang gestrecktes „S" steht für diese „Summe". Sie erstreckt sich in gewisser Weise „über alle x", beginnend bei a und endend bei b, was oberhalb und unterhalb des Integralzeichens vermerkt wird. In dieser Interpretation ist die Größe f(x)dx, wie die Schreibweise nahe legt, tatsächlich ein Produkt.[4]

Die Endeckung von Eddi und Rudi ist heute allerdings mit dem Namen des deutschen Mathematikers Georg Friedrich Bernhard Riemann (1826–1866) verknüpft. Neben der „Riemannschen Vermutung" und vieler anderer Dinge ist auch das „Riemann-Integral" nach ihm benannt. *Er* ist auf die Idee gekommen, die Fläche unter einer Kurve f(x) zwischen zwei Grenzen a und b als Summe von unendlich vielen unendlich kleinen Rechtecksflächen f(x)· dx zu berechnen.[5] Und *er* präzisierte dies, indem er die Kurve zwischen *zwei* Gruppen von Rechtecken einzwängte: einer Gruppe, die immer darunter liegt und eine, die über der Kurve liegt.

So ergibt sich das „bestimmte Integral" als $\int\limits_a^b f(x)dx$.

Schon früher einmal hatte Rudi ja den Vorschlag gemacht, durch Zusammenzählen von einzelnen Wegstrecken den Weg s durch Summieren von kleinen Teilstückchen zu ermitteln, die sie in einer Zeiteinheit bei jeweils konstanter Geschwindigkeit v zurückgelegt hatten. Daraus ergibt sich ja „Integrieren = Summieren", nichts anderes. Und der Weg beim freien Fall ergab sich als $s = \frac{1}{2} gt^2$. Der Faktor ½, über den wir uns beim Differenzieren gewundert hatten, entsteht also „automatisch" durch den Integrationsvorgang.

2.6   Können wir eine einfache Differentialgleichung lösen?

Hier taucht eine neuer Begriff auf: „Differentialgleichung". Was ist eine Differentialgleichung?[6] In einer „gewöhnlichen" Gleichung tauchen Zahlen und Variable (z. B. die Unbekannte x) auf, in einer Differentialgleichung (Fachleute kürzen das mit DGL ab) tauchen zusätzlich Ableitungen auf: y' oder y'' oder andere. Na schön,

---

[4] Quellen: JohnStillwell:*Mathematics and its History*. Springer New York 2002 und http://www.mathe-online.at/mathint/int/i.html#Mittelwert (von dort einige Sätze wörtlich).

[5] Das stimmt nicht ganz, denn schon die Griechen haben Integrale für *bestimmte* Funktionen auf diese Art und Weise berechnet. Riemann war der erste, der dieses Integral für eine größere Klasse von Funktionen systematisch untersucht hat. Unter anderem konnte er zeigen, dass es für alle stetigen Funktionen existiert.

[6] Josef Raddy: „Was ist eine Differentialgleichung". Quelle: http://www.mathematik.net (über http://www.youtube.com/watch?v=vfj_pJPPaII&feature=fvw).

und was ist daran Besonderes? Bei einer gewöhnlichen Gleichung suchen wir als Lösung eine Zahl, nämlich *den* Wert von x, für den die Gleichung gilt. Betrachten wir ein einfaches Beispiel: $x^2 - 9 = 0$ führt zu dem x-Wert, der die Gleichung erfüllt. In unserem Fall sind es sogar zwei: $x_1 = 3$ und $x_2 = -3$.

Bevor Sie sich zu langweilen beginnen, kommen wir auf die Besonderheit der DGL: Hier wird kein Wert einer Unbekannten gesucht (bei mehreren Unbekannten braucht man mehrere Gleichungen), sondern eine *Funktion*. Ja, eine Funktion! Wieder ein einfaches Beispiel: $y' = y$. Die einfachste DGL, die man sich denken kann. Welche Funktion erfüllt diese Gleichung? Eine Lösung springt Ihnen ins Auge: $y = e^x$ – eine Funktion, wie zu erwarten war. Das wäre auch eine Lösung der DGL $y' = y''$ gewesen, denn das war ja die „königliche Eigenschaft der e-Funktion". Das kann man natürlich in beiden Fällen – bei der gewöhnlichen Gleichung wie bei der DGL – überprüfen, indem man die Lösung in die Gleichung einsetzt und zu einer korrekten Aussage kommt: $(\pm 3)^2 - 9 = 0$ und $d(e^x)/dx = e^x$. Beides stimmt. Und natürlich ist auch jede Gleichung $f'(x) = \ldots$ eine DGL, wie z. B. $y' = 6x^2 + 3$. Denn durch Anwenden der Integrationsregel für Polynome wird die Funktion $y = f(x)$ ermittelt: $y = 2x^3 + 3x + c$. Deswegen sind Differentialgleichungen, in denen y, y' und x bunt durcheinander tanzen, natürlich spannender.

Aber mit welcher Methode kommt man systematisch dahinter?[7] Das will ich Ihnen ebenfalls an einem Beispiel illustrieren, einer mehr oder weniger aus der Luft gegriffenen DGL.[8] Versuchen wir also z. B. die DGL $y' \cdot x = 2y$ zu lösen. Im ersten Schritt formen wir sie um (unter Beachtung der üblichen Einschränkungen $x \neq 0$ und $y \neq 0$) und erhalten

$$y' \cdot x = 2y \Rightarrow \frac{y'}{y} = \frac{2}{x}$$

Jetzt haben wir die von y und die von x abhängigen Glieder getrennt und machen uns die Definition des Differentialquotienten zu Nutze, die wir als normale Brüche behandeln können:

$$\frac{dy/dx}{y} = \frac{2}{x} \Rightarrow \frac{1}{y} \cdot dy = \frac{2}{x} \cdot dx$$

---

[7] Leider gibt es keine allgemeine Methode, die alle DGLen löst. Es gibt Methoden für bestimmte Klassen (separable, lineare, etc.), aber beileibe nicht für alle. Aber man braucht auch hier nicht die Flinte ins Korn zu werfen: In der numerischen Mathematik können wir genügend genaue Lösungen durch rechnerische Approximation herstellen.

[8] Quelle: Martin Wohlgemuth: Differentialgleichungen – Eine erste Einführung für SchülerInnen. Matroids Matheplanet (http://matheplanet.com/matheplanet/nuke/html/article.php?sid=1088).

Jetzt können wir beide Seiten ganz normal integrieren, indem wir die (in diesem Fall bekannten) Stammfunktionen ermitteln:

$$\int \frac{1}{y}\,dy = \int \frac{2}{x}\,dx \Rightarrow \ln y = 2 \cdot \ln x + k \text{ , wobei k eine beliebige konstante Größe ist.}$$

Wenn dies aber für die Logarithmen gilt, dann gilt es auch für die Exponentialfunktion – wir setzen die linke und die rechte Seite in die Exponenten der e-Funktion und denken an die Potenzgesetze, die aus einer Addition (…+k) eine Multiplikation machen. Sie sagen auch, dass $(a^x)^y = a^{xy}$. Also folgt aus $\ln y = 2 \cdot \ln x + k$ sofort durch beidseitiges Heben in den Exponenten von e:

$$y = e^{2 \cdot \ln x + k} = e^k \cdot (e^{\ln x})^2 = c \cdot x^2 \text{ mit } c = e^k (\text{da ja } e^{\ln x} = x \text{ ist}).$$

Das ist ja nun – milde gesagt – trivial! So viel Lärm um eine so einfache Parabel?! Aber darauf kam es ja hier nicht an – es sollte ein systematischer Lösungsweg nachvollziehbar gezeigt werden. Und das ist nicht trivial, sondern elegant. Von der DGL über den *logarithmus naturalis* über die e-Funktion zur Parabel. Eine Wanderung wie durch einen wohlgeordneten japanischen Garten. Und da Kontrolle (manchmal) besser als Vertrauen ist, stellen wir das Ergebnis doch gleich auf die Probe durch Differenzieren: $y' = 2cx$, also ist $y'/y = 2cx/cx^2$. Schon kürzen sich ein x und das c weg und es bleibt rechts $2/x$ übrig. Daraus folgt die Ausgangsgleichung $y' \cdot x = 2y$. Überraschung! Und das war's auch schon – eine von vielen Wegen zur Lösung einer DGL. Es wird Sie nicht verwundern, wenn ich Ihnen sage, dass es in der Praxis nicht immer ganz so einfach zugeht. Systeme von drei oder sieben oder n Differentialgleichungen sind keine Seltenheit, und ihre Lösung ist analytisch (so wie hier) manchmal sogar unmöglich. Näherungslösungen oder numerische Verfahren sind dann gefragt (nur damit Sie wissen, womit Fachleute sich ihr Geld verdienen).

Der Hauptsatz der Differential- und Integralrechnung

3

Die wesentliche Leistung von Leibniz war die Erkenntnis, dass Integration und Differentiation zusammenhängen. Diese formulierte er im „Hauptsatz der Differential- und Integralrechnung", auch „Fundamentalsatz der Analysis" genannt. Die Analysis (griech. *análysis* „Auflösung") ist ein Teilgebiet der Mathematik, dessen Grundlagen von Gottfried Wilhelm Leibniz und Isaac Newton als Infinitesimalrechnung unabhängig voneinander entwickelt wurden. Die grundlegende Analysis befasst sich mit Grenzwerten von Folgen und Reihen, sowie mit Funktionen reeller Zahlen und deren Stetigkeit, Differenzierbarkeit und Integration. Die Methoden der Analysis sind in allen Natur- und Ingenieurwissenschaften von großer Bedeutung. Die Verallgemeinerung des Funktionsbegriffes in der Analysis auf Funktionen mit Definitions- und Zielmenge in den komplexen Zahlen ist Bestandteil der „Funktionentheorie".[1] Fairerweise muss man hinzufügen, dass schon der Lehrer Newtons an der Universität, Isaac Barrow, den Zusammenhang zwischen Flächenberechnung (Integralrechnung) und Tangentenberechnung (Differentialrechnung) erkannte hatte, ohne den Hauptsatz ausdrücklich zu formulieren.

Fundamentalsatz der Analysis ... das klingt etwas dogmatisch, fundamentalistisch, irrational. Und extrem bedeutungsvoll. Daher wird ihm hier ein eigenes (wenn auch kurzes) Kapitelchen gewidmet. Denn er sagt nichts anderes aus, als das, was wir uns schon erarbeitet haben: dass Differenzieren bzw. Integrieren jeweils die Umkehrung des anderen ist, sieht man vom Schicksal von konstanten

---

[1] Quelle (2 Sätze wörtlich): http://de.wikipedia.org/wiki/Analysis. Siehe auch http://de.wikipedia.org/wiki/Fundamentalsatz_der_Analysis.

© Springer Fachmedien Wiesbaden 2014

J. Beetz, *Integralrechnung für Höhlenmenschen und andere Anfänger,* essentials, DOI 10.1007/978-3-658-08573-5_3

Gliedern (die nicht von der unabhängigen Variablen x abhängen) einmal ab. Insofern ist dies hier eine zusammenfassende Wiederholung bekannter Sachverhalte.

Der Hauptsatz stellt den Zusammenhang zwischen Ableitung und Integral her: Ist eine Funktion f(x) in dem „Intervall" von a nach b (d. h. in dem Abschnitt der reellen Zahlengeraden, der alle Zahlen zwischen a und b enthält) definiert und dort „stetig" (macht also keine Sprünge wie z. B. die Hyperbel $y = 1/x$ zwischen $a = -1$ und $b = +1$), dann ist die für alle x zwischen a und b definierte Funktion

$$F(x) = \int_{x_0}^{x} f(z)dz$$ eine Stammfunktion zu f(x). Das heißt, es gilt in besagtem

Intervall $F'(x) = f(x)$.

Damit können wir eine interessante Frage beantworten: Wie groß ist die Fläche unter der Hyperbel $y = 1/x$. Also zum Beispiel das Integral von 0 bis 1, die Teilfläche unter der Kurve im ersten Quadranten des Koordinatensystems? Die alte Frage: Wer ist der Sieger im Kampf des David Null gegen den Goliath Unendlich? Weil $\Delta x \cdot 1/x$ bei $x \to 0$ und $\Delta x \to 0$ ja so etwas wie $0 \cdot \infty$ ergibt. Was es nicht gibt. Wie also sieht ein vernünftiger Grenzwert aus? Es ist manchmal wie im richtigen Leben: Wenn zwei Extreme gegeneinander kämpfen, hilft nur ein Kompromiss. Manchmal strebt $0 \cdot \infty$ oder $0/0$ ja einem endlichen Grenzwert zu, z. B. 1. Nicht so hier:

$$\int_{0}^{1} \frac{1}{x} dx = \ln(1) - \ln(0)$$

Während der erste Term an der Obergrenze $\ln(1) = 0$ ist, ist der zweite an der Untergrenze leider $\ln(0) = -\infty$. Pech gehabt – die Fläche unter der Hyperbel $y = 1/x$ von 0 bis 1 wird unangenehm groß.

Vergessen wir nicht zu erwähnen, dass der Hauptsatz vom dem Mathematiker Friedrich Wille im Jahr 1984 in der „Hauptsatzkantate" vertont wurde. Darüber findet man im Internet alleine über 1000 Treffer. Zur Entspannung hier die ersten beiden Strophen:

Es sei f stetige Funktion auf einem Intervall.
Dann existiert von a bis x dazu das Integral.
Fasst x man als variabel auf, erhält man hohen Lohn:
Dies ist von f die allerschönste Stammfunktion.

Das Integral von a bis b errechnet man nun leicht:
Mit einer Stammfunktion von f ist's also bald erreicht.
Man subtrahiert in b und a – das ahnen alle schon –
die Werte dieser wunderschönen Stammfunktion.

Und damit ist dieses Kapitel auch schon wieder zu Ende.

Eine der -zigtausend Anwendungen von Differentialgleichungen sind so genannte „Verfolgungsprobleme". Der Flieger oder Segler kennt sie beim Ansteuern eines Ziels unter dem Einfluss von Seitenwind oder Strömung – je näher man dem Ziel kommt, desto stärker muss man seinen Kurs verändern. Der Motorsportler, aber auch der normale Autofahrer kennt das Problem als sich progressiv zuziehende Straßenkurve (der Radius wird im Laufe der Kurve geringer und der ungeübte Fahrer gerät in Gefahr, „aus der Kurve zu fliegen"). Piraten aller Zeiten hatten dieses Problem bei der Verfolgung ihrer Beute. Doch auch Rudi hatte schon damit zu tun.

4.1 Der Hund des Rudi Radlos

Felix Willard war nicht nur ein bekannten Physiker und Fachmann für Tieftemperaturphysik, sondern auch ein Hobby-Paläozoologe. Ihm ist der Nachweis zu verdanken, dass Hunde in Rudis Dorf als Haustiere gehalten wurden und schon seit Zehntausenden von Jahren domestiziert waren.[1] Die meisten Bewohner des Dorfes – speziell die Jäger – hatten mehrere Hunde. Auch Rudi hatte einen. Allerdings war Rudi der einzige, der sich (zusammen mit seinem Freund und Forscherkollegen Eddi) mit ihnen auch mathematisch beschäftigte. Denn das war doch eine spannende Frage, die Rudi aufwarf: „Stell dir vor, ich gehe in Ruhe meines Weges. Mein Hund – nach erfolgloser Jagd auf ein Kaninchen – sieht mich und rennt auf mich

---

[1] F. D. C. Willard: *How My Ancestors Became Victims To Daffy Dogs*. Michigan University Biological Reviews 66 (1991), S. 453–457.

© Springer Fachmedien Wiesbaden 2014
J. Beetz, *Integralrechnung für Höhlenmenschen und andere Anfänger,* essentials,
DOI 10.1007/978-3-658-08573-5_4

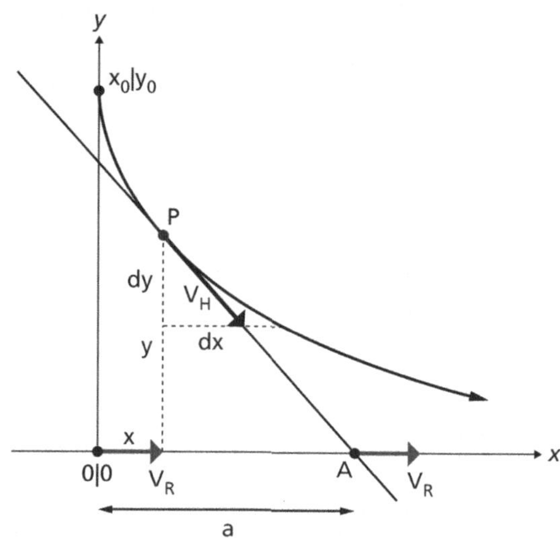

Abb. 4.1 Ansatz zur Bestimmung der „Hundekurve"

zu. Wenn er fünf Meter gerannt ist, bin ich aber schon weiter gegangen und nicht mehr dort, wohin er anfangs gerannt ist." „Nicht schon wieder das Problem mit der Schildkröte, die du scheinbar nicht einholen konntest!", sagte Eddi.[2] „Nein, ich frage mich nur… oder ich frage *dich*, ob man irgendwie errechnen kann, welchen Weg er nimmt, bis er mich erreicht hat. Es muss ja irgendeine Art von geometrischer Kurve sein… Aber läuft er eine Hyperbel oder eine Parabel oder was? Eine Gerade ist es ja mit Sicherheit nicht."

„Das müssen wir aufmalen", entschied Eddi (Abb. 4.1).

„Treffen wir eine vereinfachende Annahme: Du als der ‚Verfolgte' beschreibst einen geraden Weg auf der x-Achse und bist im Punkt 0|0, wenn dein Hund losrennt. Er startet von irgendwo her, dem Punkt $x_0|y_0$. Aber wir können mal $x_0=0$ wählen – er startet also querab – und schauen, was passiert. Du gehst mit der Rudi-Geschwindigkeit v_R. Also ist zu jeder Zeit dein Standort $x_R=v_R \cdot t$ und $y_R=0$. Wie heißt dein Hund?" „Ich rufe ‚Hund, komm her!' und er kommt." „Wie doof!",

---

[2] Die Geschichte bezieht sich auf „Achilles und die Schildkröte": Der griechische Philosoph Zenon von Elea behauptete, dass ein schneller Läufer wie Achilles bei einem Wettrennen eine Schildkröte niemals einholen könne, wenn er ihr einen Vorsprung gewähre. Dieses (Schein-)Problem beschäftigte viele Denker seit dieser Zeit. Es berücksichtigt nicht, dass eine unendliche Reihe eine endliche Summe haben kann. Und die ist in diesem Fall die Lösung des „Überholpunktes". Es ist die Entfernung „Vorsprung dividiert durch (1− Schildkrötengeschwindigkeit/Achillesgeschwindigkeit)". Siehe Beetz (2012), Kapitel 6.2 „Reihen und Summen".

sagte Eddi, „Der Name eines Elementes in einer Menge sollte sich vom Namen der Menge selbst unterscheiden. Aber sei's drum: Die Geschwindigkeit des Hundes ist v_H, und wir nehmen auch an, dass sie konstant ist. Er rennt mit aller Kraft. Jetzt teilen wir das Problem in lineare kleine Stückchen… Wie beim Differenzieren, mit der Delta-Methode." „Nicht schon wieder dieser komische Buchstabe!", protestierte Rudi. „Also gut… Ich will ja darauf hinaus, dass das Delta winzig klein wird, also der Differenzenquotient zum Differentialquotienten wird…" „Spar dir deine Fachausdrücke, sage mir einfach, was du wie rechnen willst!"

Eddi sagte es ihm, wie verlangt: „Ihr seid jetzt beide unterwegs. Angenommen, der Hund befindet sich zum Zeitpunkt t am Punkt P(x|y). Dann rennt der Hund in Richtung A, weil er dich dort sieht. Dein Abstand dort vom Nullpunkt – ich nenne ihn a – ist v_Rt. Die Tangente hat wegen der Verhältnisse im Steigungsdreieck (a−x) : dx = (0−y) : dy also die Steigung dy/dx = −y/(a−x). Das ist aber y-Strich, die erste Ableitung. Das führt sofort zu einer Differentialgleichung – ich male das mal auf. Rechts vom Doppelpfeil habe ich das etwas umgeschrieben, denn y' ist ja dy/dx."

$$\frac{dy}{dx} = -\frac{y}{a-x} \Rightarrow x - a = \frac{y}{y'} \tag{1}$$

Dann fuhr er fort: „Die Strecke a ist aber deine Rudi-Geschwindigkeit v_R multipliziert mit der Zeit t. Wenn wir dies in die rechte Seite oben einbauen und ein wenig umgruppieren, dann erhalten wir zusätzlich eine *zeit*abhängige Differentialgleichung. Siehst du das?"

$$v_R \cdot t = x - \frac{y}{y'} \tag{2}$$

Rudi nickte und Eddi entwickelte seinen Gedanken weiter: „Jetzt kommt ein kleiner Trick: Diese Gleichung differenzieren wir jetzt auf beiden Seiten nach x und erhalten – wobei wir uns an die Quotientenregel erinnern – das Folgende:"[3]

$$v_R \cdot \frac{dt}{dx} = 1 - \frac{y'^2 - y \cdot y''}{(y')^2} = \frac{y \cdot y''}{(y')^2} \tag{3}$$

---

[3] Hier übertreibt Eddi ein wenig: Die „Quotientenregel" hatte er nie erwähnt. Sie besagt in Kurzform: Wenn f(x) = u(x)/ v(x), dann ist [lassen wir das »(x)« mal weg] f' = (u'v − v'u)/ v^2. Der interessierte Leser kann sie genauer nachlesen: http://de.wikipedia.org/wiki/Quotientenregel.

Rudi verzog das Gesicht: „Das macht die Sache aber nicht gerade einfacher! Dass die Ableitung von y' das y" ist, das sehe ich ja noch ein. Und dass du in Gleichung (2) rechts das x nach x differenzierst und 1 erhältst, das ist auch klar. Den Rest glaube ich dir mal – *du* bist ja der Mathematiker. An die ‚Quotientenregel‘ erinnere ich mich im Augenblick leider nicht. Wenn ich die 1 mit $(y')^2$ erweitere, dann erschließt sich mir auch der letzte Schritt in Gleichung (3). Aber wie hilft uns das jetzt weiter?"

„Nur die Ruhe! Wir sind gleich da", erwiderte Eddi und erklärte weiter: „Wirf einen Blick auf das Steigungsdreieck. Es wird auch in einer kleinen Zeiteinheit dt durch die Geschwindigkeit des Hundes v_H mit dx und dy gebildet. Nun kommt Freund Pythagoras und sagt: $dx^2 + dy^2 = v_H^2 \cdot dt^2$."

Rudis klappernde Augendeckel ließen auf einen rapiden Konzentrationsabfall schließen, doch Eddi ließ nicht locker: „Im Pythagoras dividieren wir jetzt formal durch dx^2 und lösen nach dt/dx auf. Hier schreibe ich's dir hin:"

$$\frac{dt}{dx} = \frac{1}{v_H}\sqrt{1 + (dy/dx)^2} \tag{4}$$

Rudi atmete tief. Eddi beschloss, das Ganze zu beenden, denn er war eigentlich schon fertig: „Ich will dir jetzt nur noch die Differentialgleichung zeigen, die das ganze Geschehen bestimmt. Sie enthält eine zweite Ableitung y", die Ableitung der Ableitung y'. Schau her! Einfach jetzt Gleichung (4) in (3) einsetzen und es ergibt sich Nummer (5). Unsere Differentialgleichung für die Hundekurve."[4]

$$\frac{v_R}{v_H}\sqrt{1 + (y')^2} = \frac{y \cdot y''}{(y')^2} \tag{5}$$

Weiter wollen auch wir es nicht treiben, denn Sie haben die Höhe des Vallserbergs bereits erreicht. Jetzt bräuchten Sie eine professionelle Ausrüstung (d. h. mehr Kenntnisse über Differentialgleichungen und trigonometrische Funktionen), um die Höhen der „Radiodrome" zu erreichen (so der Fachausdruck für die resultierende Funktion). Diese Differentialgleichungen müssen zusammengeführt und

---

[4] Ich folge hier z. T. der Ausarbeitung von Hans Fischer: Hundekurven. Ein einfaches kinematisches Problem und seine mathematische Modellierung. Mathematisch-Geographische Fakultät, Katholische Universität Eichstätt-Ingolstadt (http://mathsrv.ku-eichstaett.de/MGF/homes/didmath/hund/hundeproblem.html) sowie http://de.wikipedia.org/wiki/Radiodrome (fehlerhaft) bzw. in der englischen Wikipedia http://en.wikipedia.org/wiki/Radiodrome. Teile der Herleitung von Oscar Bandtlow (persönliche Mitteilung an den Autor). Weitere Herleitung und Animation in http://mathworld.wolfram.com/PursuitCurve.html.

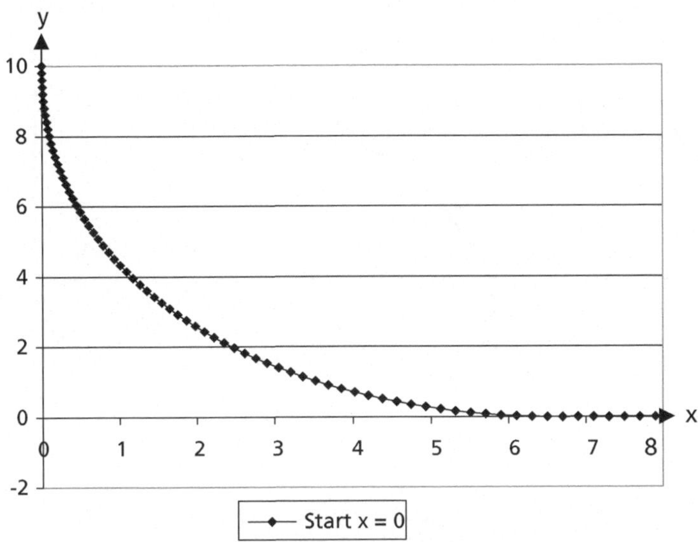

Abb. 4.2 Die „Hundekurve" (Radiodrome) mit dem Startpunkt auf der y-Achse

aufgelöst werden – was den Profis vorbehalten bleiben soll. Aber Sie möchten natürlich sehen, was dabei herausgekommen wäre. Betrachten wir eine Version mit dem Startpunkt auf der y-Achse (wie der Ausgangspunkt unserer Betrachtungen, Abb. 4.2) und einem zweiten irgendwo in der Landschaft (Abb. 4.3).

Im zweiten Diagramm (Abb. 4.3) haben wir nicht nur einen anderen Startpunkt gewählt (x = 4), sondern auch eine andere Geschwindigkeit. Nichts gegen die Intelligenz von Hunden, aber von Antizipation (vorausschauendem Handeln) ist wenig zu sehen. Der Hund rennt *full speed* auf den Startpunkt (x = 0) seines Herrchens zu, merkt auf halbem Weg (x ≈ 1,7), dass der schon querab ist und hechelt ihm dann (ab x = 3) hinterher. Sie hätten sich sicher anders verhalten, eher wie der Igel in dem bekannten plattdeutschen Märchen mit dem Hasen. Sie hätten kurz die Geschwindigkeit des Ziels eingeschätzt, wären in Richtung x = 4 gerannt und hätten dort gerufen: „Ick bün al dor!" („Ich bin schon da!").

Wenn Sie auf der Hundewiese im Stadtpark einmal einen netten Kontakt herstellen wollen, dann stellen Sie doch folgende Frage an die andere Person: „Beschreibt Ihr Hund auch eine Radiodrome? Oder eine Traktrix?" Wenn Sie nämlich Ihren Hund an der Leine hinter sich herzerren (oder umgekehrt), dann ist die Bewegungskurve eine Traktrix (Schlepp-, Zieh-, Zug- oder Treidelkurve). So wählen Sie geschickt mathematisch Gleichgesinnte aus.

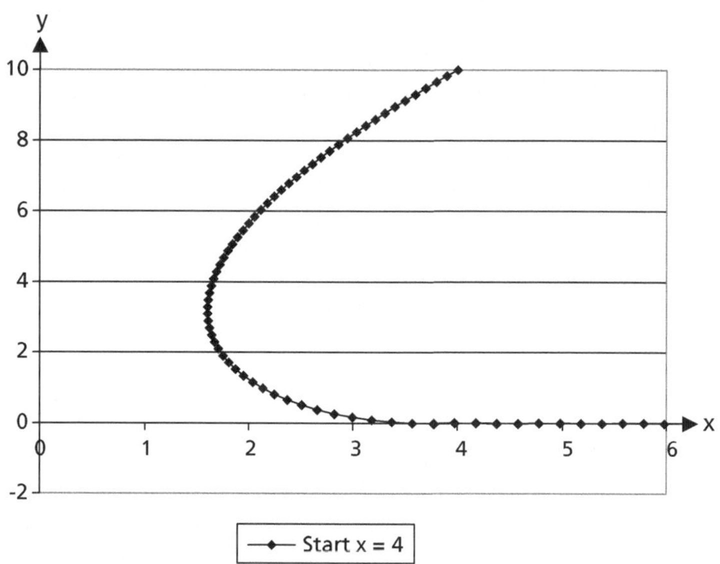

Abb. 4.3 Die „Hundekurve" (Radiodrome) mit dem Startpunkt bei x=4 und anderer Geschwindigkeit

Damit Sie nicht denken, dies seien nur Spielereien: In der modernen Robotik sind die „Hundekurven" ein mathematisches Problem, wenn der Roboterarm einem seine Lage verändernden Werkstück folgen muss.

4.2　Rückkopplung und Regelung

Rudi traf Eddi vor dem Hühnergatter. Er saß auf einem Stein und fixierte eine Glucke, die ein Ei ausbrütete. „Ich denke nach", antwortete Eddi auf Rudis Frage, was er da mache, „Was war zuerst da? Das Huhn oder das Ei? Ohne Ei kein Huhn, ohne Huhn kein Ei!" „Das alte Henne-Ei-Problem", sagte Rudi, „Du Schlauberger, das eine ist die Voraussetzung für das andere, das wieder die Voraussetzung für das eine ist. Du suchst das Ur-Huhn beziehungsweise das Ur-Ei? Das scheint mir eine Frage ohne Antwort zu sein."[5]

---

[5] Siehe http://www.fragenohneantwort.de/fragen/235/huhn/. Heute ist das Rätsel gelöst. „Lösungsansatz: Das Ei kam vor dem Huhn." SPIEGEL-online vom 26.05.2006. Quelle: http://www.spiegel.de/wissenschaft/natur/0,1518,418233,00.html.

Abb. 4.4 Schema eines Regelkreises

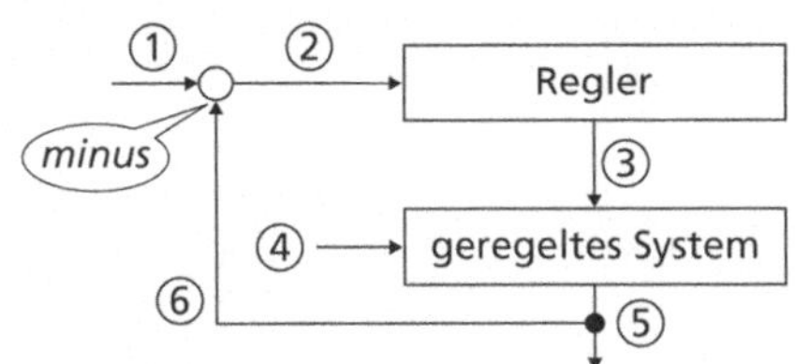

„Männer, die auf Hühner starren…",[6] ertönte eine goldfarbene Stimme aus dem Hintergrund. Es schien so, als würde Willa nichts entgehen. „Das zentrale Problem der Kausalität: Jede Wirkung hat eine Ursache, die wieder die Wirkung einer anderen Ursache ist. Es endet in einem unendlichen Regress, der Ur-Sache, dem Urgrund, dem Ausgangspunkt von allem. Statt zu philosophieren, solltet ihr euch lieber mit den praktischen Analogien dieses Problems beschäftigen!"

Regelkreise tauchen häufig in unserem Leben auf, ob wir sie bemerken oder nicht (wir nehmen sie leider oft erst wahr, wenn es zu einem Systemausfall kommt). Jetzt wollen wir im Ansatz erkennen, wie (scheinbar nutzlose) Gesetze der Mathematik dazu führen, ihr Verhalten zu verstehen oder zu beeinflussen. Denn hier haben wir jetzt das mathematische Handwerkszeug, um das hier vorgestellte „Henne-Ei-Problem" zu behandeln. Niemand möchte ja mit einem Bremskraftregler fahren, dessen Parameter so eingestellt sind, dass die Wirkung erst mit Verzögerung eintritt (hier gibt es den plastischen Fachbegriff der „Totzeit", im wahrsten Sinn des Wortes).

Wir sehen uns noch einmal das Blockschaltbild des Regelkreises an (Abb. 4.4): Was zwischen dem Eingang E und dem Ausgang A einer Systemkomponente stattfindet, ist die „Übertragungsfunktion" $F(t) = y_A(t)/y_E(t)$. Ein Beispiel ist die Systemkomponente „Regler", deren Übertragungsfunktion die Regelabweichung als Eingang und die Stellgröße als Ausgang hat: $F_R(t) = u(t)/e(t)$. Bei der Bildung eines mathematischen Modells muss man sich sorgfältig überlegen, welche Systemgrößen (und mit welchen physikalischen Maßeinheiten) man betrachtet. Denn jetzt tritt die Mathematik aus den Wolken der Abstraktion auf den Boden der Realität.

---

[6] Eine Anspielung auf den Film „Männer, die auf Ziegen starren". Er handelt von einem militärischen parapsychologischen Forschungsprogramm der USA, in dem erforscht werden sollte, ob Soldaten den Gegner mit mentalen Kräften besiegen können. Quelle: http://de.wikipedia.org/wiki/Männer,_die_auf_Ziegen_starren.

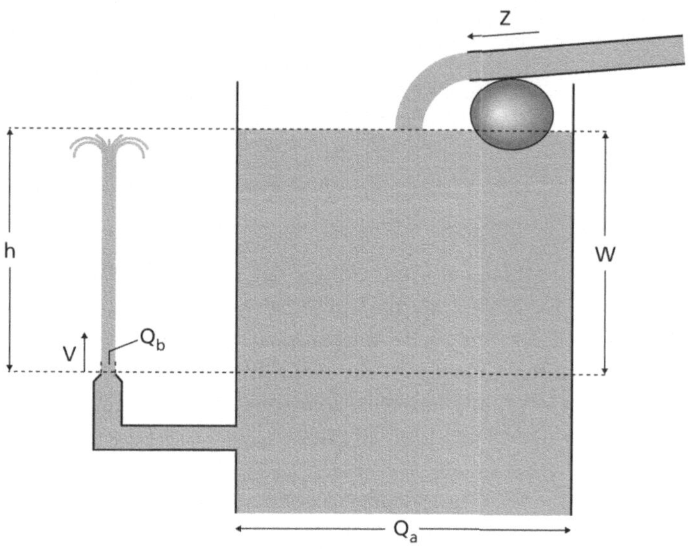

Abb. 4.5 Rudis Wasserreservoir und Springbrunnen, fertig für die mathematische Betrachtung

Schauen wir uns eine Wasserstandsregelung in Rudis Reservoir einmal aus mathematischer Sicht an.[7] Seine Idee mit dem Springbrunnen hatte er inzwischen in die Tat umgesetzt. Schematisch haben wir nun folgenden Aufbau (Abb. 4.5):

Wir wollen jetzt diese Verhältnisse in einem mathematischen Modell abbilden. In einem solchen Modell stecken oft vereinfachende Annahmen, und man betrachtet (meist) ein System mit stetigen Wertebereichen. Kein Gewitterguss, der den Bach zum Anschwellen bringt, kein toter Fisch, der den Zufluss verstopft. Das sind die kleinen Gefälligkeiten, die uns sorgfältig konstruierte technische (und evolutionär ausgereifte natürliche) Systeme meist bereiten – „meist", denn garantiert ist das nirgends (Stichwort „Restrisiko").

---

[7] Angelehnt an W. Leonhard, W. Schumacher: Grundlagenlagen der Regelungstechnik. Vorlesungsskript Stand: 24.10.2008S. 17 f. (Institut für Regelungstechnik, Prof. Dr.-Ing. W. Schumacher, Prof. em. Dr.-Ing. Dr. h. c. W. Leonhard, Technische Universität Braunschweig © Institut für Regelungstechnik IfR). Quelle: http://webber.physik.uni-freiburg.de/~hon/vorlss02/Literatur/Ingenieurswiss/Regelungstechnik/Regelungstechnik3.pdf.

Der Zufluss z sei eine gegebene Größe in m³/sec (man rechnet gerne in den „normierten" Maßeinheiten und nicht in ihren abgeleiteten Größen wie [cm] oder [h], also in [m/sec] statt [km/h]). Nach dem Gesetz der kommunizierenden Röhren ist die Steighöhe h gleich dem Wasserstand w im Behälter, gemessen ab Austrittspunkt. Unter vereinfachenden Annahmen (kein Reibungsverlust, kein Luftwiderstand usw.) folgt h(t) in Abhängigkeit von der Fallzeit t dem Fallgesetz $h = \frac{1}{2} \cdot gt^2$, mit der bekannten Erdbeschleunigung $g = 9{,}81$ m/sec². Das gilt natürlich nur, wenn $z = 0$ (kein Zufluss). Die Dimensionen passen auch: „sec²" im Nenner von g kürzt sich mit „sec²" der Zeit t² weg.

Auch die Ausflussgeschwindigkeit v ist bekannt, denn sie entspricht der Geschwindigkeit eines aus der Höhe h über dem Ausfluss in Ruhe losgelassenen Wasserteilchens: $v = gt$.[8] Setzen wir diesen Ausdruck in die erste Formel ein, dann ergibt sich der (schon erwähnte) Zusammenhang

$$v = \sqrt{2gh}$$

Die Querschnitte des Tankes Q_a und der Auslauföffnung Q_b spielen eine Rolle (in m²). Denn die Ablaufmenge a ist $Q_a \cdot v$. Kontrolle: [m³/sec] = [m²] [m/sec]. Also: Wasser fließt aus dem Tank, speist den Springbrunnen und verringert den Wasserstand. Der Zufluss oben füllt nach. Wer gewinnt? Denn die zeitliche Abnahme des Wasserstandes $w' = dw/dt$ ist unsere gesuchte Größe. Ein Differentialquotient, was sonst? Wir können auch die Höhe h der Fontäne einsetzen und erhalten

$$Q_a \cdot \frac{dh}{dt} = z - a = z - Q_b \cdot v = z - Q_b \cdot \sqrt{2gh} \Rightarrow Q_a \cdot \frac{dh}{dt} + Q_b \cdot \sqrt{2gh} = z$$

Perfekt! Eine Differentialgleichung! Jetzt brauchen wir „nur" noch die Abhängigkeit des Zuflusses z vom Wasserstand w und damit von der Höhe h zu errechnen. Welchen Querschnitt hat das Zulaufrohr, in welchem Winkel greift der Schwimmer an usw. – physikalische Überlegungen, die vermutlich zu einer weiteren Differentialgleichung führen. Aber wir wollen uns nicht in Einzelheiten verlieren. Sie haben das Prinzip erkannt. Die Auflösung der Differentialgleichungen durch Integration und ihre Zusammenführung durch die Zusammenhänge im Regelkreis führen zu einer Beschreibung des Gesamtsystems. Die Fachleute können dann das „Einschwingverhalten" der Regelgröße w (die Höhe h der Fontäne war ja nur ein

---

[8] Nach dem Lehrsatz des italienischer Physikers Torricelli (1608–1647) ist die Ausflussgeschwindigkeit gleich der Geschwindigkeit, die ein Körper erlangen würde, wenn er vom Flüssigkeitsspiegel bis zur Ausflussöffnung herabfiele (Quelle: http://de.wikipedia.org/wiki/Ausflussgeschwindigkeit).

Kunstgriff zur Berechnung) ermitteln, z. B. wenn plötzlich ein Eimer Wasser entnommen wird. Bei einem trägen System wie diesem vermuten wir eine Sättigungskurve mit einer e-Funktion.

Aber man weiß nie. Viele Regelkreise führen in ihrer Regelgröße sinusförmige Schwingungen aus, die durch e-Funktionen gedämpft werden und so abklingen, die ungedämpft innerhalb gewisser Grenzen ständig hin und her pendeln oder die sich gar aufschaukeln. Alles abhängig von Systemparametern, die manchmal nicht einmal konstant sind und sich vielleicht nichtlinear verändern.

Das kann dann zu „Teufelskreisen" führen – insbesondere dann, wenn die Rückkopplung nicht negativ (dämpfend), sondern positiv (verstärkend) ist. So beklagte der ehemalige griechische Finanzminister Giorgos Papakonstantinou einmal: „Die Rating-Agenturen reagieren auf die Märkte, und die Märkte reagieren auf die Rating-Agenturen. Es ist ein Teufelskreis." Und die Presse schreibt dazu: „Der große Einfluss der Rating-Agenturen tritt in der aktuellen Schuldenkrise deutlich zutage: Mit ihren Herabstufungen verschärfen sie die Finanzprobleme der Schuldenländer und agieren so als Brandbeschleuniger. Wenn sie etwa die Bonität eines Landes von ‚sicher' auf ‚spekulativ' senken, setzt automatisch eine Massenflucht aus dessen Anleihen ein: Zahllose Banken und Investmentfonds sind per Vorschrift gezwungen, solche Anleihen abzustoßen. […] Als Folge steigen die Risikoprämien. Um Geld an den Finanzmärkten zu bekommen, muss die betreffende Regierung höhere Zinsen zahlen – was wiederum ihren Schuldenberg noch größer macht."[9]

Wir sagen dazu: Regelkreise mit positiver Rückkopplung. Klingt weniger dramatisch, ist aber genauso ernst.

4.3 Die Ermittlung der „Abklingfunktion"

Wir haben es ganz vergessen: Rudi Radlos hatte eine wirklich tolle Erfindung gemacht, geboren aus der Schmach, das Rad *nicht* erfunden zu haben. Eine Laufmaschine oder ein „Sitzgehrad", wie er es nannte. Mit Hilfe zweier verbundener Räder, hintereinander angeordnet, konnte man im Sitzen gehen, ja sogar schnell laufen. Siggis Einwand, das würde später ein gewisser Karl Friedrich Christian Ludwig Freiherr Drais von Sauerbronn erfinden, ließ er nicht gelten. Schon den Namen konnte man sich ja nicht merken.

Er sah seine Erfindung aber nicht nur von der praktischen Seite, um große Entfernungen schnell zurücklegen zu können. Schließlich war er ja nicht nur Geo-

---

[9] Beide Zitate aus Carsten Volkery: Rating-Agenturen – Im Teufelskreis der Schuldenrichter. SPIEGEL-online 12.06.2011 (http://www.spiegel.de/wirtschaft/unternehmen/0,1518,767868,00. html).

meter, sondern auch Physiker. Er experimentierte auch auf gerader Strecke, um zu sehen, wie groß sein Auslaufweg war, wenn er das Rad nicht mehr mit den Beinen antrieb. Und er wollte nicht nur wissen, wie *groß* er war, er stellte auch die Frage: „Jetzt bin ich schwer gespannt. Die Kurve meines Langsamwerdens… ist es eine Gerade? Oder werde ich zuerst schnell langsamer und dann langsam langsamer? Oder umgekehrt?"

Die Schmierung der Radachsen mit Bärenfett war sicher eine wesentliche Einflussgröße. Eddi hatte noch einen weiteren, nicht ganz schmeichelhaften Hinweis: „Du hast ja – sagen wir mal so – einen nicht unerheblichen Körperquerschnitt. Sicher trägt auch der Luftwiderstand zu deinem Auslaufweg bei." Rudi ging darauf nicht ein: „Ich vermute, dass der Luftwiderstand zumindest bei dieser geringen Geschwindigkeit sich genau zu dieser proportional verhält." „Kann man annehmen. Na und?!" „Daraus könnte man doch eine nette De-ge-el basteln. Physikalisch gesehen ist die Abbremsung ja eine Beschleunigung, nur mit negativem Vorzeichen." „Ja", bestätigte Eddi, „Du hältst ja auch eine negative Diät, so gesehen. Wenn aber deine Geschwindigkeit v(t) proportional zu einer Beschleunigung b(t) ist, dann können wir ja eine einfache Differentialgleichung sofort hinschreiben: v(t)=– k·b(t). Damit es deutlich wird, habe ich das Minuszeichen *vor* das k geschrieben, obwohl ich auch eine negative Konstante hätte wählen können. Stimmen denn die Dimensionen?" „Ja, links haben wir [m/sec] und rechts bei b sogar [m/sec^2]. Daraus schließe ich, dass die Konstante k in [sec] gemessen werden muss. Aber wieso ist das denn eine Differentialgleichung?" „Rudi, das brauche ich dir doch nicht schon wieder zu sagen: Eine Beschleunigung b(t) ist eine Geschwindigkeitsänderung v'(t) oder von mir aus $\dot{v}$. Also erhalten wir v(t)=– k · v'(t). Das können wir lösen. Welche Funktion ist gleich ihrer Ableitung?" „Jahaaaa! Die eee-Funktiooooon! Das ist ja inzwischen auch eine ‚Mitternachtsfrage', finde ich." „Na gut. Wir können aber auch den harten Weg gehen und das Ergebnis noch einmal sauber herleiten. Trennung der Variablen und Integration, wie üblich." „Nach dem Essen! Der Geruch des Bärenfetts macht mich hungrig."

Weiter brauchen wir auch nicht zuzuhören. Der Weg ist ja genau vorgezeichnet. Beginnen wir mit der DGL:

$$v = - k \cdot \dot{v} \Rightarrow \dot{v} = - \frac{1}{k} v \Rightarrow dt = - k \cdot \frac{1}{v} dy$$

Das war die Trennung der Variablen, jetzt folgt die Integration auf beiden Seiten. Auch hier treffen wir wieder auf alte Bekannte, die Stammfunktion F(x)=ln x zur Funktion f(x)=1/x. Die bei der Integration auf beiden Seiten auftretenden Konstanten werden in einem Wert a_0 zusammengefasst, in dem auch das k verschwindet (a_0=a/k). Das Hinschreiben des unbestimmten Integrals sparen wir uns und zeigen gleich das Ergebnis:

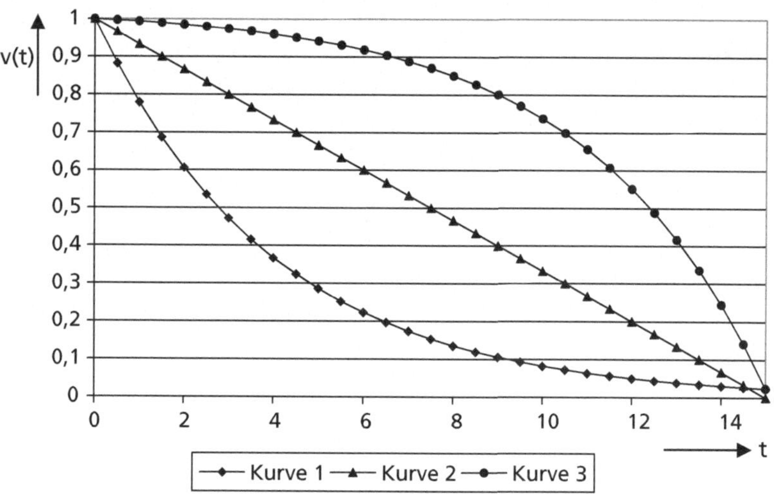

Abb. 4.6 Rudis Laufrad rollt aus – aber wie?

$$t = -k \cdot \ln v + a \quad \Rightarrow \quad -\frac{t}{k} = \ln v + a_0 \Rightarrow v = a_0 \cdot e^{-\frac{1}{k}t}$$

Das kommt Ihnen bekannt vor? Zu Recht: Es ist die bekannte Abklingfunktion $y = e^{-ax}$, eine Exponentialfunktion. Welche Anfangsgeschwindigkeit auch immer Rudi innehatte, wir haben sie auf der y-Achse auf „1" gesetzt. Die Auslaufstrecke in unserem Beispiel sei 15 m. Die Konstante a_0 ist, wie man sofort sehen kann, die Geschwindigkeit v zum Zeitpunkt t=0. Die Kurve 1 in Abb. 4.6 zeigt Rudis tatsächliche Auslaufkurve, seine exponentiell abklingende Geschwindigkeit. Er wird in der Tat zuerst schnell langsamer und dann langsam langsamer. Kurve 2 zeigt Rudis vermutete Gerade, Kurve 3 den Verlauf, wenn er zuerst langsam langsamer und dann schnell langsamer würde.[10] Zwei falsche Vermutungen, wie die Lösung der DGL klar zeigt.

Solche Abklingfunktionen finden sich überall dort, wo die Geschwindigkeit des Abklingvorganges selbst linear von der Zeit abhängig ist. Eine exponentielle Abnahme, eine der Formen exponentieller Prozesse. Beruhend auf einem Zerfallsgesetz, wie wir es bei der Bestimmung des Alters von Rudis Mammutknochen schon

---

[10] Das Beispiel stammt (leicht modifiziert) aus Josef Raddy: „Was ist eine Differentialgleichung (Teil 2) – Beispiel Fahrrad ausrollen lassen." Quelle: http://www.youtube.com/watch?v=47uNqYJ5nfA, erreicht von http://www.mathematik.net. Eine Sammlung von DGLn findet man auch auf http://www.khanacademy.org/#differential-equations. „Kurve 3" ist eine rein hypothetischer Verlauf (die Abklingkurve an der Geraden gespiegelt).

kennen gelernt haben. Zum Beispiel in der Chemie: Dort gibt es das „Geschwindigkeitsgesetz". Es besagt, dass die Reaktionsgeschwindigkeit u(t) proportional zur noch vorhandenen Menge der sich umwandelnden Substanz ist.

Natürlich steht auch hier wieder das Schild: „Achtung – idealisiertes Modell!". Dass tatsächlich v ~ v̇ ist, das muss erst einmal experimentell belegt werden. Vielleicht ist ja auch die Bremskraft aus den mit Bärenfett geschmierten Radnaben von der Geschwindigkeit abhängig?

Natürlich ist dieses Prinzip nicht nur bei idealisierten Bremswegen und radioaktiven Zerfallsprozessen zu beobachten, sondern auch wenn ein Topf Suppe in einem Wasserbad mit konstanter Temperatur (ggf. durch nachfließendes Wasser garantiert) abkühlt.[11] Womit wir wieder beim Thema wären: Wie ist sie überhaupt *warm* geworden?

4.4 Wasser erwärmt sich nach der „Aufheizfunktion"

Einer der vielen Irrtümer in der Wissenschaftsgeschichte, deren Aufdeckung ihr nicht geschadet haben (im Gegenteil: Es zeigt ihren undogmatischen Charakter), wurde eines Morgens bemerkt. Der Anfang der e-Funktion (ob in direkter Messung oder im Gewand von „$1-e^{-ax}$") ist in der Tat nahezu linear. Insofern kann man Rudi bei seinem Wasserheizexperiment (bei dem er anfänglich an einen linearen Verlauf geglaubt hatte) keinen Vorwurf machen.

„Ich habe einmal höher geheizt als 35°", sagte er, „Das mit dem linearen Zusammenhang können wir vergessen. Ist ja auch logisch: Irgendwann muss die Aufheizkurve ja umbiegen, denn bei 100° ist Schluss." „Das ist ja schön", kommentierte Eddi, „dass du dich selbst korrigieren kannst. Fundamentalisten können das nicht. Daran sollten die, die an Hexen, Götter und Geister glauben, sich ein Beispiel nehmen!" „Lass das nicht deine kleine Freundin hören!" „Na gut, dann nur an Götter und Geister… Aber nun lass uns mal logisch überlegen, wie die Aufheizkurve tatsächlich verläuft und warum." Rudi hatte schon einen Ansatz, und so brauchte man Eddis „kleine Freundin" nicht zu bemühen: „Wie ich den Laden so kenne, beginnt es wieder mit einer Differentialgleichung." „Korrekt. Aber erst einmal musst du die physikalischen Verhältnisse klären. Wasser ist ein seltsamer Stoff mit – im wahrsten Sinn des Wortes – merkwürdigen Eigenschaften."[12] „Ja, bei 0°

---

[11] Das ist das „Newtonsche Abkühlgesetz" (engl. *Newton's Law of Cooling*), von Newton 1701 entdeckt. Siehe auch Beispiel in http://www.ugrad.math.ubc.ca/coursedoc/math100/notes/diffeqs/cool.html.

[12] Siehe http://de.wikipedia.org/wiki/Eigenschaften_des_Wassers. Verblüffen Sie Ihre Bekannten mit der „Dichteanomalie", der „Dipoleigenschaft" (macht Wasser leitfähig) oder einem neuen Namen für H_2O: „Dihydrogenmonoxid".

ist es Eis und bei 100° verwandelt es sich in Dampf. Ich habe so das Gefühl, dass bei beiden Übergängen – Eis zu Wasser und Wasser zu Dampf – viel Energie verbraucht wird. Ich glaube, wir sollten bei unserem Versuch irgendwie dazwischen bleiben und sozusagen ‚reines‘ Wasser erhitzen. Wir packen einfach ein wenig Wasser mit einer kleinen Anfangstemperatur in ein sehr großes Gefäß mit warmem Wasser und sehen, was passiert. In einem dünnen Ziegendarm, dessen Erwärmung wir vernachlässigen können. So haben wir kontrollierte Versuchsbedingungen und müssen uns nicht mit der schwankenden Wärmezufuhr eines Feuers herumplagen. Und der große Pott muss so groß sein, dass die kleine Menge ihm keine nennenswerte Wärme entzieht und er seine Temperatur hält.“

Eddi runzelte die Stirn: „Das ist mir alles zu kompliziert. Ich gehe das Problem lieber mathematisch an. Nehmen wir die Zeit t...“ „So wollte ich die Temperatur nennen...“ „Pech! Besetzt! Dann nimm dafür den Großbuchstaben...“ Rudi war einverstanden: „Gut. Die kleine Wasserprobe hat die veränderliche Temperatur $T(t)$, der Pott die konstante Temperatur T_P. Meine physikalische Hypothese ist: Die Probe heizt sich proportional zur Temperaturdifferenz $T_P - T$ auf. Denn wenn T_P erreicht ist, wird sie ja nicht wärmer. Und je näher T dem T_P kommt, desto langsamer steigt T an. Das Vorzeichen ergibt sich auch aus der Überlegung, dass ein warmer Körper in einem kühlen Medium (also $T - T_P > 0$) nicht noch heißer wird, sondern sich abkühlt, denn dann ist $dT/dt < 0$.“ Eddi hatte schon zu schreiben begonnen:

$$\frac{dT}{dt} = K \cdot (T_P - T)$$

Dann erklärte er: „Das ist eine ‚inhomogene‘ Differentialgleichung...“ „Wieder so ein unbekannter Ausdruck! Siggis Worte?“ „Ist ja egal. Das heißt nur, dass sich im Zusammenhang zwischen T und dT/dt oder allgemein zwischen y und y' noch ein anderes Glied herumtreibt – in unserem Fall $K \cdot T_P$.“ „Und?“ „Und das bedeutet, dass die Lösung der DGL aus zwei Teilen besteht: erstens eine ‚spezielle Lösung‘ der DGL und zweitens die allgemeine Lösung des homogenen Teils. Beides getrennt ermittelt und dann zusammen addiert.“ „Aha. Zeige es mir am Beispiel!“ „Die ‚spezielle Lösung‘ siehst du sofort: Wenn die Temperaturdifferenz $T - T_P$ zu 0 wird, wird auch die Temperaturänderung dT/dt zu 0. Also hast du $0 = T - T_P$ oder $T = T_P$.“ „Und die allgemeine Lösung des homogenen Teils?“ „Da *fragst* du mich?! Der homogene Teil ist $dT/dt = -K \cdot T$ und die Lösung dieser DGL ist...“ „... ein alter Hut! Lass mich raten: Tee ist e hoch minus Ka-Tee. Vielleicht noch multipliziert mit einer Konstanten c. Hatten wir doch gerade. Und jetzt müssen wir die beiden Teile nur noch addieren?! Schreib das mal hin!“ Und Eddi schrieb:

$$\frac{dT}{dt} = -\,K\cdot T \Rightarrow T = c\cdot e^{-K\cdot t}\ \text{ergibt insgesamt}\ T = T_P + c\cdot e^{-K\cdot t}$$

Dann schloss er: „Die Konstante c können wir für T = 0 bestimmen, weil dann die e-Funktion zu 1 wird. Ich nenne die Anfangstemperatur der Probe T_0 und bekomme $T_0 = T_P + c$ oder mit einem kleinen Vorzeichen-Trick $c = -\,(T_P - T_0)$. Dann ist (1) die generelle Lösung und (2) die spezielle, wenn wir mit eiskaltem, aber flüssigen Wasser mit 0° anfangen." Und schon hatte er es in den Sand geschrieben:

$$T = T_P - (T_P - T_0)\cdot e^{-K\cdot t} \tag{6}$$

$$T = T_P \cdot (1 - e^{-K\cdot t}) \tag{7}$$

Das ist natürlich nichts anderes als die „Sättigungsfunktion", das Gegenstück zur „Abklingfunktion". Wieder ein exponentieller Prozess. Jetzt können wir auch Rudis Heizversuche genauer untersuchen. Dort brachte er Wasser in 11 min. von 0° auf 35°. Die ideale Erwärmungskurve (in einem „unendlich" – also hinreichend – großen Wasserbad von 100°) sähe aus wie Abb. 4.7.

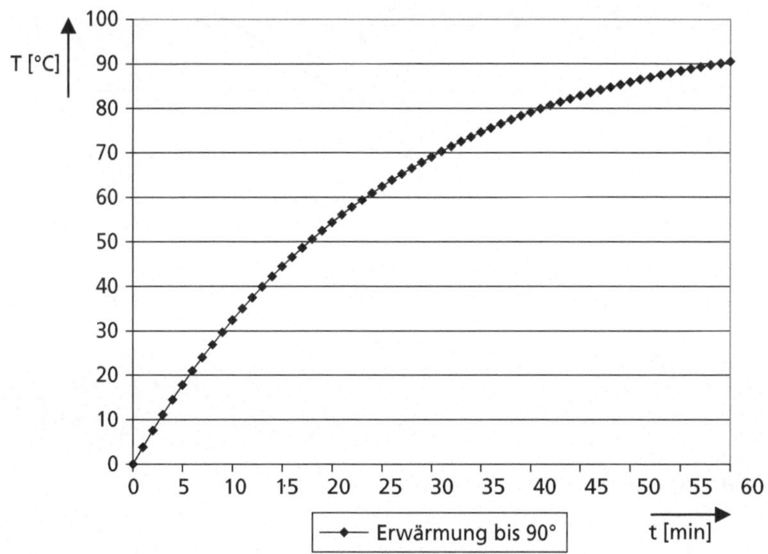

Abb. 4.7 Rudis Experiment zur Wassererwärmung – diesmal richtig

Nach etwa einer Stunde wären 90° Grad erreicht – das entspricht einem Aufheizkoeffizienten von K=0,039 [1/min] vor der Zeit t [min] im Exponenten der Sättigungsfunktion.

Rudis erstes Experiment war *so* schlecht auch wieder nicht, wie man in Abb. 4.8 sieht. In den ersten 11 min. verläuft die Sättigungsfunktion ziemlich linear, wenn man sie mit einer Geraden zwischen 0° und 35° vergleicht. Legt man eine Tangente im Punkt 0 an (die Steigung ist die erste Ableitung der e-Funktion im Punkt t=0, also gleich K=0,039), dann hätte man nach 11 min. bereits 42,9° erreicht. Die lineare Ausgleichsgerade hat eine Steigung von K_{lin}=0,0318.

Auch hier beweist die Exponentialfunktion ihre königliche Eigenschaft: Die Ableitung der e-Funktion $y=e^x$ ist wieder die Funktion $y'=e^x$. Im allgemeinen Fall $y=e^{kx}$ ist $y'=k\cdot e^{kx}$. Weil Funktion und erste Ableitung identisch sind, sind auch die Funktion und ihr Integral dasselbe. Und sie ist sowieso die „Königin der Funktionen", da sie in der Natur und vielen anderen rückgekoppelten Vorgängen so häufig und elegant auftaucht.

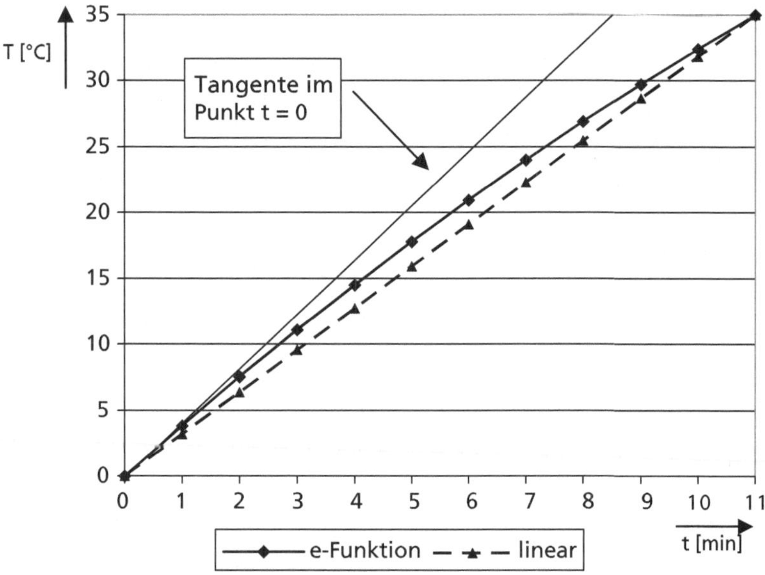

Abb. 4.8 Vergleich der Erwärmung bis 35°

Zusammenfassung: dieses Essential in Kürze

5

Es gibt eine „Umkehrung der Differentialrechnung" – die Integralrechnung. Sie dient u. a. dazu, die Fläche unter einer Kurve im Koordinatensystem in einem bestimmten Intervall zu bestimmen. Die Differentialrechnung erblickte ja als „Infinitesimalrechnung" das Licht der Welt. Beides sind Zungenbrecher, die Laien erst einmal abschrecken. Geht man der „Erfindung" (oder „Findung"?) der beiden Konkurrenten Isaac Newton und Gottfried Wilhelm Leibniz auf den Grund, dann entdeckt man einfache Zusammenhänge mit bedeutsamen Auswirkungen. Es ist „eigentlich" (ein Wort, das man eigentlich nicht verwenden sollte) nur ein einfaches Problem: Wie bestimmt man die Fläche einer beliebigen Kurve $y = f(x)$ zwischen ihr und der x-Achse?

Man robbt sich gewissermaßen heran. Das heißt: Wir (genauer: der Mathematiker Bernhard Riemann kam auf die Idee) zerlegen die Fläche in einzelne Streifen und summieren sie.

Vor allem aber dient die Integralrechnung dazu, um eine „neue Art" von Gleichungen zu lösen. Während „Algebraische Gleichungen" den Wert einer (oder mehrerer) Unbekannten x liefern, ergeben sich aus „Differentialgleichungen" nach dem Vorgang der „Integration" neue Funktionen $y = f(x)$. Differentialgleichungen sind also eine neue Art von Gleichung sozusagen höherer Ordnung

Die Erkenntnis war so bedeutend, dass Eddi sie gleich neben die Jagdszenen an die Höhlenwand malte (Abb. 5.1).

Besonders kraftvoll wirken die Differentialgleichungen bei den rückgekoppelten Prozessen, bei denen Unrasche und Wirkung einander bedingen. Das nächste Mal, wenn jemand Karl Marx zitiert („…nicht das Bewusstsein bestimmt das Sein, sondern das Sein das Bewusstsein"), sind Sie schlauer. Sie kontern: „Das Bewusst-

© Springer Fachmedien Wiesbaden 2014

J. Beetz, *Integralrechnung für Höhlenmenschen und andere Anfänger*, essentials, DOI 10.1007/978-3-658-08573-5_5

Abb. 5.1 Algebraische Gleichungen und Differentialgleichungen

sein bestimmt das Sein *und* das Sein das Bewusstsein". Oder sie führen Ihrem Gesprächspartner die endlose Schleife vor: „Das Bewusstsein bestimmt das Sein, das das Bewusstsein bestimmt, das das Sein bestimmt, das das Bewusstsein bestimmt, das das...". Leider ist es uns bei gesellschaftlichen oder wirtschaftlichen oder politischen oder psychischen Prozessen (überall treffen wir diese „seltsamen Schleifen" an) noch nicht gelungen, die Differentialgleichungen zu ermitteln, die diese Systeme beherrschen und deren Lösung uns bei technischen Prozessen aus dem Strudel befreit.

Eine Anmerkung des Autors: Differenzieren ist einfach und gehorcht klaren Regeln, Integrieren ist oft kompliziert (intuitives und intelligentes „Raten"), das erst über das zur Kontrolle folgende Differenzieren des Ergebnisses bestätigt wird. Oft muss man das Problem „transformieren", in einem anderen Koordinatensystem (z. B. in „Polarkoordinaten") betrachten und dort integrieren. Die Rücktransformation des Integrals in die Ausgangsverhältnisse liefert dann das gewünschte Ergebnis.

Eine bestimmte Klasse von mathematischen Funktionen wird auch als „Bronstein-integrabel" bezeichnet. Das ist kein spezielles heuristisches Verfahren, sondern man findet ihr Integral durch Nachschlagen im „Taschenbuch der Mathematik" (dem berühmten „Bronstein"). In meiner Ausgabe[1] sind es immerhin 515 Stück. Wie schon der Name Ilja Bronstein vermuten lässt, kann sein Stammbaum auch bis in die Steinzeit zurückverfolgt werden. Paläontologen vermuten seine Urahnen in genau dem Stamm von Eduard Einstein. Sie vermuten, dass er „Illi" gerufen wurde. Vielleicht war er der Dorfschreiber, der Eddis Erkenntnisse auf einer Sammlung von Kuhhäuten festhielt?

Aber das sind Spekulationen.

---

[1] Ilja N. Bronstein und Konstantin A. Semendjajew: Taschenbuch der Mathematik. B. G. Teubner Verlagsgesellschaft. Leipzig 1960 und viele Neuauflagen.

Was Sie aus diesem Essential mitnehmen können

In dieser Einführung in die Integralrechnung haben Sie (verpackt in Geschichten und Dialoge aus der Steinzeit)...

- die Integralrechnung als Umkehrung des Differenzierens kennen gelernt,
- die „h-Methode" entwickelt, das Integrieren durch Summieren von kleinsten Flächenstreifen und
- einfache Differentialgleichungen unter besonderer Berücksichtigung der Exponentialfunktion gelöst und ihre praktische Anwendung gesehen.

© Springer Fachmedien Wiesbaden 2014
J. Beetz, *Integralrechnung für Höhlenmenschen und andere Anfänger,* essentials,
DOI 10.1007/978-3-658-08573-5

Anmerkungen

Für weiterführende Informationen kann mit folgenden Stichwörtern (gefolgt von der Seitennummer im Text) im Internet in Suchmaschinen wie *Google®*, in Ausbildungsportalen wie *Khan Academy®* oder Enzyklopädien wie *Wikipedia®* gesucht werden (aber auch z. B. in „Matroids Matheplanet" http://matheplanet.com/). In *Wikipedia* sind Begriffe oft zur Unterscheidung verschiedener Sachgebiete mit dem Zusatz „(Mathematik)" gekennzeichnet.

An dieser Stelle passt auch ein Zitat über das Zitieren:

Bei dem, was ich mir ausborge, achte man darauf, ob ich zu wählen wusste, was meinen Gedanken ins Licht rückt. Denn ich lasse andere das sagen, was ich nicht so gut zu sagen vermag, manchmal aus Schwäche meiner Sprache, manchmal aus Schwäche meines Verstandes. Ich zähle meine Anleihen nicht, ich wäge sie. Und hätte ich eine Ehre im Zitatenreichtum gesucht, so hätte ich mir zweimal soviel aufladen können.

Michel de Montaigne, Essais II, 10 (Über die Bücher)

© Springer Fachmedien Wiesbaden 2014

J. Beetz, *Integralrechnung für Höhlenmenschen und andere Anfänger,* essentials,

DOI 10.1007/978-3-658-08573-5

Literatur

Beetz J (2012) 1+1=10. Mathematik für Höhlenmenschen. Springer, Heidelberg

Beetz J (2014) Algebra für Höhlenmenschen und andere Anfänger: Eine Einführung in die Grundlagen der Mathematik. Springer essential, Heidelberg

Beetz J (2014) Funktionen für Höhlenmenschen und andere Anfänger: Koordinatensysteme zur Darstellung von Abhängigkeiten in der Mathematik. Springer essential, Heidelberg

Bronstein I, Mühlig H, Musiol G, Semendjajew K (2013, 9. Aufl.) Taschenbuch der Mathematik (Bronstein). Europa-Lehrmittel, Haan-Gruiten

Forster O (2012) Analysis 1: Differential- und Integralrechnung einer Veränderlichen (Grundkurs Mathematik). Springer Fachmedien, Wiesbaden

Kusch L, Jung H, Klein U, Rosenthal H-J (1993) Kusch: Mathematik – Aktuelle Ausgabe: Mathematik, Neuausgabe, Bd. 3, Differentialrechnung. Cornelsen Lernhilfen, Berlin

Livio M (2010) Ist Gott ein Mathematiker? Warum das Buch der Natur in der Sprache der Mathematik geschrieben ist. C.H. Beck, München

Papula L (2011) Mathematik für Ingenieure und Naturwissenschaftler Band 1: Ein Lehr- und Arbeitsbuch für das Grundstudium. Vieweg+Teubner Verlag, Wiesbaden

Sigg T (2012) Grundlagen der Differenzialgleichungen für Dummies. Wiley-VCH Verlag, Weinheim

© Springer Fachmedien Wiesbaden 2014

43

J. Beetz, *Integralrechnung für Höhlenmenschen und andere Anfänger,* essentials,
DOI 10.1007/978-3-658-08573-5